Der Torsionsindikator

II.

Die mechanischen und optischen Methoden

zur

Verdrehungsmessung

Von

Dr.-Ing. Paul Nettmann

Mit 50 Abbildungen

BERLIN W.
VERLAG VON M. KRAYN
1915

Rosenthal & Co, Berlin NW. 21

INHALTSÜBERSICHT

Die mechanischen Methoden zur Verdrehungsmessung

Die optischen Methoden zur Verdrehungsmessung

Besprechung und Beurteilung der Torsionsindikatoren oder Wellen-P.-S.-Messer nebst Vorschlägen zu deren Verbesserung.

Die mechanischen Torsions-Indikatoren.

Der Torsionsanzeiger von Collie.

Im Folgenden sollen jene Methoden behandelt werden, die die Verdrehung auf rein mechanische Weise zu bestimmen suchen. Die hier zur Anwendung gelangenden Apparate bilden eigentlich das Gegenstück zu dem gewöhnlichen Kolben - Dampfindikator. Was letzterer für die Indicierung hin- und hergehender Maschinen bedeutet, das bedeuten die mechanischen Torsionsindikatoren für die Untersuchung rotierender Kraft- und Arbeitsmaschinen.

Hirn[1]), der in so vielem bahnbrechend gewirkt hat, ist wohl als erster Pionier auf diesem Gebiete zu betrachten.

Jervis-Smith[2]), dessen Name ja auch innig mit der Entwicklung dynamometrischer Methoden verbunden ist, hat sich auch früh mit der mechanischen Indicierung der Wellenverdrehung zum Zwecke der Kraftmessung beschäftigt; seine Verfahren, die neben den mechanischen sowohl elektrische wie optische einschlossen, sind als die eigentlichen Vorläufer unserer heutigen Methoden und Verfahren zur Verdrehungsmessung zu betrachten; doch fanden diese Methoden damals keinen besonderen Anklang, sie gerieten gewissermaßen in Vergessenheit, ihre Zeit war noch nicht gekommen, sie wurden zu früh zur Welt gebracht.

Erst die allgemeine Einführung der Dampfturbine, besonders auf See, und anderer rotierender Maschinen brachte die Sache wieder in den Vordergrund; es war dringend geworden, die Leistungen dieser Maschinen zu bestimmen; es sollten und mußten Lösungen gefunden werden.

---

[1]) Hirn, Les Pandynamomètres, Paris 1867. La Lumière électrique, 29. Juillet 1882.

[2]) Siehe a. a. O. angegebene Literatur über die Arbeiten Jervis-Smith's.

Die von Hirn und Jervis-Smith angegebenen Verfahren zur Verdrehungsmessung kennzeichneten sich dadurch, daß sie die eigentliche Verdrehungsmessung nicht an der in Betracht kommenden Welle selbst direkt vornahmen, sondern diese indirekt an einer mit geeigneten mechanischen Indiziervorrichtungen versehenen Neben- oder

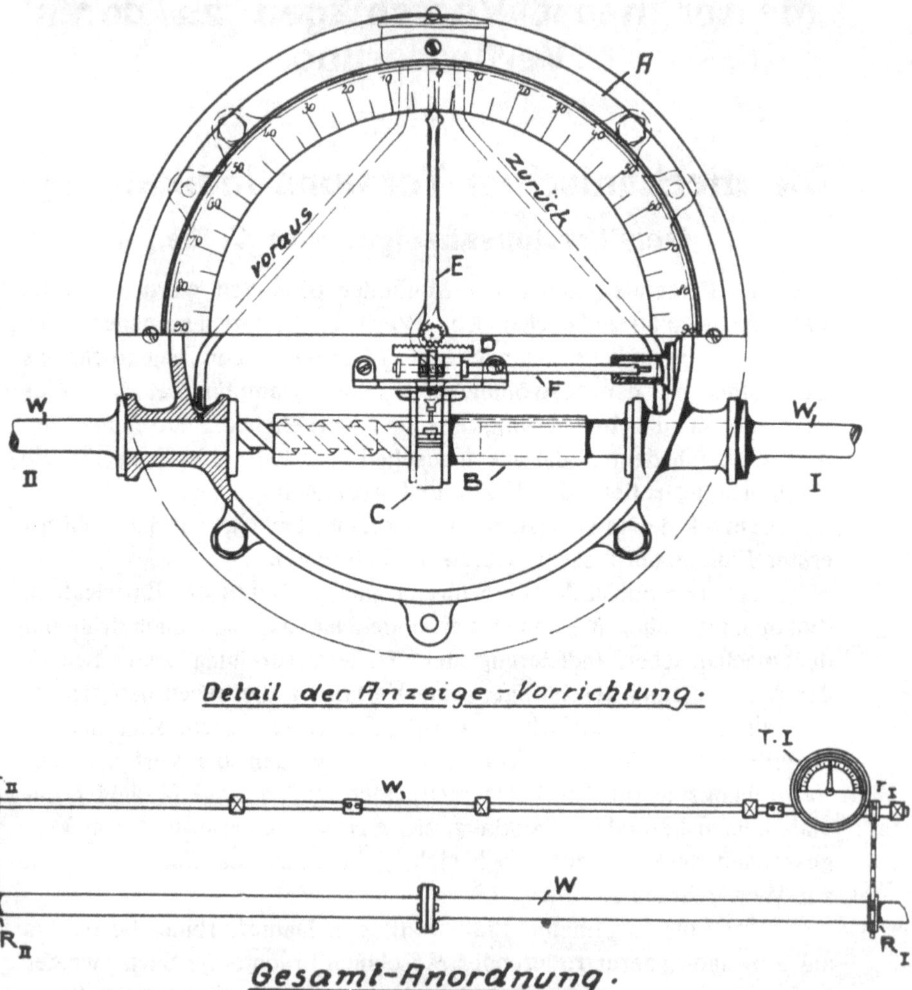

Fig. 1.

Hilfswelle bestimmten, wie dieses schon an anderer Stelle erwähnt worden ist. Die Bedenken, die diese Art des Vorgehens mit sich bringt, haben wir auch schon an genannter Stelle zur Sprache gebracht und ersparen uns daher an dieser Stelle unnötige Wiederholung.

Der in Fig. 1 dargestellte Torsionsindikator von Collie, mit dessen optischem Verfahren wir schon im Vorhergehenden bekannt geworden sind, ist als die moderne Neugeburt seiner schon vor rund 50 Jahren geborenen Vorläufer zu betrachten und möge dazu dienen, uns mit dieser Kategorie von Torsionsmessern bekanntzumachen.

In der Gesamtanordnung Fig. 1 sei die Welle, an der die Verdrehung zu bestimmen ist, mit *W* bezeichnet, die Nebenwelle sei mit *w* bezeichnet.

R I, *r I*, und *R II*, *r II* seien in entsprechender Entfernung auf der Welle resp. auf der Nebenwelle angebrachte Ketten oder Zahnräder, die entweder mittels Kette oder direkt miteinander in Angriff gebracht werden.

Ob die Welle *W* rotiert oder nicht tritt in ihr eine Verdrehung auf, d. h. werden die auf ihr befestigten Räder *R I* und *R II* relativ zueinander verschoben, so wird diese Verschiebung auch auf die Nebenwelle *w* übertragen werden.

Es handelt sich nun darum, diese auf die Nebenwelle *w* übertragene Verdrehung oder Verschiebung während der Rotation der Wellen *W* und *w* von außen quantitativ zu bestimmen.

Zu diesem Zwecke hat Collie die in Fig. 1 oben im Detail gezeigte Einrichtung getroffen.

In einem gußeisernen Gehäuse *A*, welches im ruhenden Raume befestigt ist, sind die beiden Teile *I* und *II* der Nebenwelle *w* gelagert; die Nebenwelle ist also im Apparat selbst unterbrochen. Der Teil *II* trägt an seinem einen Ende, wie in der Figur gezeigt, ein steilgängiges Flachgewinde; der Teil *I* dagegen ist am entsprechenden Ende mit einer Keilnute versehen.

Beide Teile werden von einer Hülse *B* umschlossen; diese trägt an einem Ende einen Keil, der in die Nute von *I* paßt; am anderen ist sie mit einem auf Teil *II* befindlichen entsprechenden Gewinde versehen.

Werden jetzt die Teile *I* und *II* der Nebenwelle gegeneinander verschoben, so wird die Hülse *B* eine Verschiebung erfahren. Der Teil *II* schraubt sich entweder in dieselbe hinein oder aus derselben heraus; da er aber in *A* gegen seitliche Verschiebungen fest gelagert ist, so erfährt die Hülse *B* die entsprechende Verschiebung.

Die Verschiebung der Hülse *B* wird dann ein Maß für die in der Welle *W* auftretenden Verdrehung sein; um diese Verschiebung nach außen hin ablesbar zu machen, ist die Hülse *B* mit einer Eindrehung versehen, in die eine Schelle *C* paßt. Diese trägt eine Zahnstange *D*, die mit einem am Zeiger *E* befestigten Zahnrädchen im Eingriff steht. *B* läuft frei in *C*, so daß, wenn während der Rotation von *w* eine Verschiebung von *B* eintritt, diese von *C* und *D* auf den Zeiger *E* übertragen wird, und somit die Verdrehung der Welle *W* auf der in Grad eingeteilten Skala des Torsionsmessers zur Anzeige gelangt.

Um die Nullstellung des Apparates zu überwachen, ist eine Reguliervorrichtung *F* vorgesehen.

Soweit für die Beschreibung der Collieschen Anordnung.

Hirn und Jervis-Smith verwandten statt des beschriebenen Torsionsmessers von Collie Differential- oder Planetengetriebe; die von Jervis-Smith vorgeschlagene Anordnung zeichnete sich durch besondere Einfachheit aus.[3])

Wohl der größte Feind dieser Anordnungen ist „toter Gang"; denn da, wo so geringe Größen zu messen sind, wie bei der Torsionsmessung, ist dessen Vermeidung absolute Bedingung. Auch Massenschwingungen, durch schnelle Änderungen im Werte der Verdrehung bedingt, können zu bedenklichen Fehlern und Störungen Anlaß geben.[4])

---

[3]) Siehe: A Torsion Ergometer (Dynamometer) and Differential Gear for Reading the Torsional Angle of a Shaft etc. Fig. 3; Beschreibung Seite 5.

[4]) In einem Beitrage zur Diskussion des Vortrages von Gibson, Torsion-Meters, as Applied to the Measurement of the Horsepower of Marine Steam Turbines. N. East Coast Inst. of Engineers and Shipbuilders. January 24th 1908 (siehe S. 181) äußert sich Collie selbst zu diesem Punkt und führt aus, daß beim Auftreten von Torsionsschwingungen der Zeiger des Apparates (E in Fig. 1) in heftige Schwingungen gerate; jedoch glaube er, mittelst seines Apparates einwandsfrei festgestellt zu haben, daß die größten Beanspruchungen der Welle nicht während des Anhaltens und Rückwärtsfahrens, sondern, wenn die Welle die größte Kraftleistung zu übertragen hätte, einträten.

Die Äußerung ist für uns von Bedeutung, da wir sie einer Behauptung von Edgecombe an entsprechender Stelle (S. 53) gegenüberstellen müssen. Dieser will nämlich im Gegensatz zu Collie festgestellt haben, daß die größten Beanspruchungen der Welle beim Anfahren bezw. Rückwärtsfahren auftreten. (Siehe Engineer 1908 P. 558 und 1909 P. 472.) Siehe auch ein Diagramm von Föttinger, Jahrbuch d. schiffbaut. Gesellsch. 05 S. 170a, Fig. 35, oder in dieser Arbeit S. 53, Fig. 15; dieses Diagramm bestätigt übrigens Collies Wahrnehmungen vollkommen.

Diese Nichtübereinstimmung zwischen den Resultaten von Edgecombe und denen von Collie und Föttinger scheint darauf hinzudeuten, daß bei dem Denny-Edgecombeschen Apparat trotz seiner sonstigen Empfindlichkeit, s. Seite 41, z. B. durch etwaige Eigenschwingungen des Apparates selbst, gefälschte Diagramme erhalten werden können; im einzelnen sei hier auf Seite 52 verwiesen.

Es ist wohl unnötig, zu bermerken, daß das Übersetzungsverhältnis bei der in Fig. 1 gezeigten Anordnung von den Durchmessern der zur Verwendung gelangenden Räder *R* und *r* und der Steigung des Schraubengewindes am Teile *II* der Nebenwelle *w* abhängen wird.

Der Apparat von Collie ist ohne weiteres registrierend auszubilden. Zur Fernmessung ließe er sich auf elektrischem Wege leicht ausbilden; auch kann er leicht so eingerichtet werden, daß er bei Unter- oder Überschreitung gewisser Kraftgrenzen ein elektrisches oder akustisches Zeichen von sich gibt, wie das schon Jervis-Smith[5]) bei seiner Anordnung vorgesehen hatte und in neuerer Zeit von Föttinger[6]) vorgeschlagen wurde.

Die Verdrehungsmesser von Föttinger.[7])

Föttinger hat, im Gegensatz zu Hirn, Jervis-Smith und Collie, seinen Verdrehungsmesser auf der Welle selbst angebracht.

Wir wollen hier zunächst seinen Apparat in seiner einfachsten Form besprechen.

Wie aus Fig. 2 hervorgeht, ist die Welle von der bekannten Verdrehungshülse oder dem Meßrohre *K* umgeben. Dieses Rohr trägt eine Scheibe *I*, der gegenüber die Scheibe *II* auf der Welle festgeklemmt ist. Scheibe *I* mit ihrem Rohre *K* ist am freien Ende des Rohres mit der Welle starr verbunden. Soweit kennen wir diese Anordnung von der Beschreibung der optischen Methoden der Verdrehungsmessung her.

Um nun die gegenseitige Verschiebung der Scheiben *I* und *II*, die ja bekanntlich der Verdrehung des Wellenstückes von Meßlänge

---

Hier sei noch erwähnt, daß die heftigen Schwingungen des Zeigers E, Fig. 1 beim Collieschen Torsionsindikator dadurch behoben werden können, daß das sonst mit Zeiger *E* starr verbundene Zahnrädchen mit letzterem durch eine Feder elastisch verbunden würde; der Zeiger *E* würde dann vermöge seiner Trägheit und der Dämpfung des Apparates stets eine mittlere Anzeige geben und somit mechanisch das Mittel aus den jeweilig auftretenden Verdrehungsschwingungen bilden.

Die Verhältnisse müssen natürlich so gewählt werden, daß Resonnanz ausgeschlossen ist. (Vergl. Seite 6 und Fußnote 24). S. 42.

[5]) Loc. cit. P. 5.

[6]) Patentschrift Nr. 170 370, 8. Nov. 1904, Loc. cit. P. 155.

[7]) Z. d. V. d. I. 1902, S. 1869. — Jahrbuch der schiffbaut. Gesellsch. 1903, Seite 441 f; 1905, Seite 135 f. — Mitteilungen über Forschungsarbeiten 1905, Heft 25, S. 53 f. — Engineering 25th January 1906. — Bulletin de la Société d'encouragement pour l'industrie nationale. Février 1906 P. 267 f. — Revue de Mécanique, Tome XXVI Nr. 2, 1910, P. 154 f.

entspricht, nach außen hin quantitativ anzuzeigen, schlägt Föttinger den folgenden Weg ein:

Die Scheibe *I* wird mit einem verstellbaren Drehpunkt *a* versehen. Der Punkt *a* ist mittels des Gelenkes *a*, *b* mit einem im Punkte *c* auf Scheibe *II* drehbar gelagerten Winkelhebel *b*, *c*, *d* verbunden. Bewegen sich die Scheiben gegeneinander, wie durch die Pfeile in Fig. 2 angedeutet, so beschreibt der Punkt *d* des Winkelhebels *b*, *c*, *d* einen entsprechenden Kreisbogen.

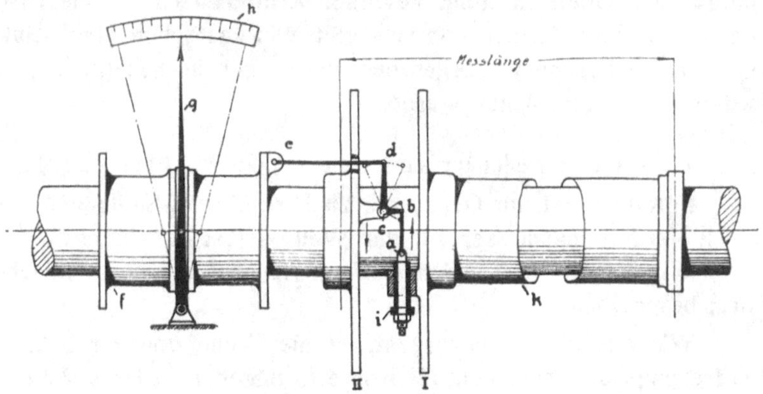

Fig. 2.

Es ist jetzt nur noch nötig, die Bewegung des Punktes *d* auf tragen, um die gegenseitige Verschiebung der Scheiben *I* und *II* oder eine im ruhenden Raume befindliche Anzeigevorrichtung zu über- die Verdrehung der Welle während ihrer Rotation feststellen zu können. Dieses geschieht folgendermaßen:

Der Punkt *d* wird mittels eines Gelenkes *d*, *e* mit einer auf der Welle achsial verschiebbar gelagerten leichten Hülse *f* verbunden. Bewegt sich der Punkt *d*, so erleidet die Hülse *f* eine korrespondierende Verschiebung. Die Hülse *f* ist weiter mit einem Gleitringe versehen, der die Bewegung der Hülse *f* auf einen im ruhenden Raume gelagerten Zeiger *g* überträgt, die letzterer dann auf einer entsprechend eingeteilten Skala *h* zur Anzeige bringt.

Man sieht also, daß der Zeiger *g* bei der Verdrehungsanzeige, sofern die Verdrehung der Welle nicht konstant bleibt, genau so wie der durch die Muffe eines Regulators bewegte Stellhebel desselben bei Kraftschwankungen hin und her spielt. Der Zeiger führt also in diesem Falle genau solche Schwingungen aus, wie die, die bei dem Collieschen Verdrehungsmesser nach dem Vorhergehenden auftreten. Diese Schwingungen könnten dadurch behoben werden, daß der

Zeiger *g* des Apparates mit dem Gleitring der Hülse *f* elastisch verbunden würde. Der Apparat würde dann natürlich stets die mittlere Verdrehung zur Anzeige bringen (vergl. Fußnote 4, Seite 4).

Fortlaufend registrierend und fernanzeigend ist dieser Apparat eben so leicht auszubilden, wie der Colliesche (siehe S. 5). Jedoch sind dies weniger die Zwecke, die dieser Apparat erfüllen sollte. Er sollte vielmehr als Verdrehungsanzeiger überall da Anwendung finden, wo die Verdrehung, wenn nicht konstant, doch nahezu konstant ist, in welchen Fällen der Zeiger *g* des Apparates nur leicht auf der Skala *h* hin und her spielt, und somit die Ablesungen schnell und leicht erfolgen können.

Das Übersetzungsverhältnis des hier beschriebenen Verdrehungsmesser wird, wie man leicht an Hand der Fig. 2 sieht, von den Abmessungen des Winkelhebels *b*, *c*, *d* und der gegenseitigen Lage der beiden Drehpunkte des Zeigers *g* abhängen.

Um dieses Übersetzungsverhältnis jederzeit kontrollieren zu können, ist die Lagerung des Drehpunktes *a* in der Scheibe *l* durch eine Mikrometerschraube *i* bewerkstelligt, die es ermöglicht, den Drehpunkt *a* um bestimmte Beträge zu verschieben, worauf dann die korrespondierenden Ausschläge des Zeigers *g* auf der Skala *h* abgelesen werden können. Das Verhältnis beider gibt dann in bekannter Weise das Übersetzungsverhältnis der Verdrehungsanzeige.

Bezüglich der Lagerung des Zeigers *g* im Raume außerhalb der Welle sind hier noch einige Worte zu sagen. Erfolgt dieselbe nach der in Fig. 2 angedeuteten Art, so ist leicht einzusehen, daß jede achsiale Verschiebung der Welle selbst mit ihrem Verdrehungsmesser auf der Skala *h* des Apparates als eine Verdrehung zur Anzeige gelangen würde, und zwar wird die Größe dieser Anzeige davon abhängen, wie groß derjenige Teil des Übersetzungsverhältnisses ist, der in den Zeiger *g* hineingelegt worden ist. Daß durch diese Anordnung ganz bedeutende Fälschungen der Anzeigen vorkommen können, brauchen wir nach Früherem hier nicht erst zu erwähnen.

Föttinger hat selbst diese Störungen bei seinen Untersuchungen empfunden und hat dieselben in einfachster Weise dadurch beseitigt, daß er den Endpunkt des Zeigers *g* so lagert, daß jede achsiale Verschiebung der Welle auf seine Anzeigen keinen Einfluß mehr ausüben kann.[8])

---

[8]) Föttinger hat zu diesem Zwecke besondere Einrichtungen getroffen, die in der Hauptsache aus einem Gelenkparallelogramm bestehen nach Art der Pantographen. Vergl. P. 153 f., Jahrb. d. schiffbautechn. Gesellsch. 05 und Engineering Nov. 5. 1909, Plate XLVI.

Die Unzuträglichkeiten toten Ganges im Apparat hat Föttinger durch konische selbstspannende Gelenkpunkte behoben.

Es bleibt uns jetzt noch einiges über die Massenschwingungen bei diesem Apparate zu sagen.

Schon bei Besprechung der optischen Methoden hatten wir darauf aufmerksam gemacht, daß in dem Meßrohre *K* (Fig. 2) Verdrehungsschwingungen auftreten können. Dieselben können hier weit leichter auftreten, weil die Scheibe *I* nicht wie dort aus einer einfachen glatten Scheibe besteht, sondern auf ihr selbst noch in bestimmter Entfernung vom Mittelpunkt des Wellenquerschnittes bestimmte Massen gelagert sind.

Es ist leicht zu ersehen, daß diese Schwingungen erst dann in störender Größe auftreten werden, wenn die Periode einer Ungleichförmigkeit in der Wellenbewegung oder die Periode der Verdrehungsschwankung[9]) selbst mit der Eigenperiode der freien oder natürlichen Schwingung des Rohres *K* mit seiner Scheibe *I* (Fig. 2) zusammenfällt. Voraussetzung ist natürlich, daß bei einer solchen Übereinstimmung in den entsprechenden Perioden auch deren Amplituden die nötige Stärke oder Größe haben.

Die Eigenperiode oder Schwingungsdauer *T* des Meßrohres läßt sich, wenn man von der Dämpfung absieht, einfach durch die folgende Formel[10]) ausdrücken:

$$1)\qquad T = 2\pi \sqrt{\frac{L\, I_R}{G\, I_p}}$$

oder die Frequenz der Eigenschwingung

$$\frac{1}{T} = f = \frac{1}{2\pi}\sqrt{\frac{G\, I_p}{L\, I_R}}$$

---

[9]) Es sei darauf hingewiesen, daß die Verdrehungsschwankungen an sich genau denselben Charakter haben, wie die Ungleichförmigkeiten der Wellenumdrehung; denn was die absolute Bewegung einer auf der Welle fest gelagerten Scheibe anbetrifft, muß es doch ganz gleichgültig sein, ob die Wellenbewegung um ihre Durchschnittsbewegung um bestimmte Beträge hin- und herpendelt, oder ob die Welle an sich mit einer gleichförmigen Geschwindigkeit rotiert, die in ihrer Größe genau der eben genannten Durchschnittsbewegung entspricht, und die Welle hierbei an der Stelle, an der sich die erwähnte Scheibe befindet, Verdrehungsschwankungen erleidet, die in ihrem Verlauf genau den durch die erstgenannte Ungleichförmigkeit der Bewegung hervorgerufenen Pendelungen der Scheibe um die Durchschnittsbewegung entsprechen: die absolute Bewegung wird in beiden Fällen jedenfalls genau die gleiche sein.

[10]) Die Differentialgleichung für die freien Torsionsschwingungen eines solchen Rohres mit Scheibe etc. läßt sich wie folgt schreiben:

$$I_R \frac{d^2\varphi}{dt^2} + 2K\frac{d\varphi}{dt} + l^2\varphi = 0$$

In dieser Gleichung hat I_R den oben angegebenen Wert; $2K$ = Dämpfungskonstante, d. h. dasjenige Moment, welches die Reibung (innere und äußere) für die Winkelgeschwindigkeit $\frac{d\varphi}{dt} = 1$ auf das schwingende Rohr ausübt.

Mit l^2 soll dasjenige Moment bezeichnet werden, welches das Rohr vermöge seiner Elastizität, der Verdrehung um den Einheitswinkel, d. h. $\varphi = 1$, entgegensetzt.

Nach S. 131 haben wir:

Verdrehungswinkel $\varphi = \frac{M L}{G I_p}$

M = Moment für $\varphi = 1$, ist also

$$l^2 = \frac{G I_p}{L}$$

Bedeutung von G, I_p, L siehe oben.

Die angeschriebene Gleichung besagt also nichts anderes, als daß die Drehmomente, die von der Trägheit, Dämpfung und Elastizität des Rohres mit seinen angrenzenden Teilen herrühren, sich bei einer freien Torsionsschwingung das Gleichgewicht halten; dieses muß der Fall sein, da bei einer freien Schwingung keinerlei äußere Kräfte auf das Schwingungssystem einwirken sollen, nachdem es durch irgendeine Ursache erregt worden ist; es wird also bei der Schwingung sich selbst überlassen; dieses ist das Charakteristikum der freien Schwingung.

Hätten wir es nicht mit einer freien Schwingung, sondern mit einer erzwungenen zu tun, d. h. würde der Gleichgewichtszustand unseres Schwingungssystems nicht momentan, sondern fortlaufend periodisch gestört, so würde die rechte Seite der angeschriebenen Gleichung nicht mehr Null sein; es würde vielmehr an deren Stelle die Störungsfunktion selbst einzusetzen sein, oder was dasselbe ist, bei einer erzwungenen Torsionsschwingung halten die Drehmomente, die von der Trägheit, Dämpfung oder Elastizität des Systems herrühren, der äußeren auf das System einwirkenden Kraft das Gleichgewicht.

Diese letzte Art von Schwingungen kann in dem Meßrohr durch Ungleichförmigkeiten der Bewegung oder durch Verdrehungsschwankungen der Hauptwelle selbst erregt werden, wie wir das an anderer Stelle des näheren erörtert haben.

Die mathematische Untersuchung solcher Vorgänge ist also an sich eine sehr einfache Sache.

Wir haben übrigens schon an anderer Stelle einen Teil der letzten Art behandelt und sei hier auf die entsprechenden Ausführungen verwiesen.

Hier wollen wir insofern noch eine Vereinfachung treffen, indem wir das von der Dämpfung herrührende Moment vernachlässigen, d. h. in der oben angegebenen Gleichung setzen wir das Glied $2K\frac{d\varphi}{dt} = 0$.

Die Gleichung geht dann über in

$$I_R \frac{d^2\varphi}{dt^2} + l^2\varphi = 0$$

oder mit Einsetzen des Wertes von $l^2 = \frac{G I_p}{L}$

$$I_R \frac{d^2\varphi}{dt^2} + \frac{G I_p}{L}\varphi = 0$$

oder mit I_R dividiert

$$\frac{d^2\varphi}{dt^2} + \frac{G I_p}{L I_R}\varphi = 0$$

Wir nennen den Koeffizienten von φ, α^2 also $\alpha^2 = \frac{G I_p}{L I_R}$;
dann schreibt sich obige Gleichung als:

$$\frac{d^2\varphi}{dt^2} + \alpha^2\varphi = 0$$

Nach früherem erhalten wir durch Einsetzen von $\varphi = Ne^{mt}$ und Bildung von $\frac{d^2\varphi}{dt^2}$ die Bedingungsgleichung:

$$m^2 + \alpha^2 = 0 \text{ oder}$$

$$m^2 = -\alpha^2 \qquad \text{also:}$$

$$m = \pm\sqrt{-\alpha^2} = \pm\sqrt{\alpha^2(-1)} = \pm\sqrt{(-1)}\,\alpha = \pm\,\alpha i$$

Hiermit läßt sich dann für φ schreiben:

$$\varphi = A \sin \alpha t + B \cos \alpha t$$

wo A und B willkürliche noch näher zu bestimmende Konstanten bedeuten.

Nehmen wir an, daß zur Zeit $t = O$ das Meßrohr eine größte Verdrehung φ_0 erleide, und daß hierbei die Geschwindigkeit, mit der die Verdrehung erfolgt, $\frac{d\varphi}{dt} = O$ ist.

Dann können wir obige Gleichung schreiben:

$$\varphi_0 = A \sin \alpha \cdot 0 + B \cos \alpha \cdot 0 = A \cdot 0 + B \cdot 1$$

$$\text{also } B = \varphi_0 \text{ und}$$

$$\frac{d\varphi}{dt} = A\alpha \cos \alpha t - B\alpha \sin \alpha t \text{ oder}$$

$$0 = A\alpha \cos \alpha \cdot 0 - B\alpha \sin \alpha \cdot 0$$

$$= A\alpha \cdot 1 - B \cdot 0 = A.$$

Also $A = O$.

Wir können daher für φ schreiben:

$$\varphi = \varphi_0 \cos \alpha t$$

Es würde also den größten Wert φ_0 erreichen zu den Zeiten, die $\cos \alpha t$ zu 1 machen; also zu den Zeiten:

$$t = 0$$

$$t = \frac{2\pi}{\alpha}$$

$$t = \frac{4\pi}{\alpha} \text{ u. s. w.}$$

Für die Zeit $t = O$ hatten wir schon festgesetzt, daß $\varphi = \varphi_0$ sein sollte.

$\frac{2\pi}{\alpha}$ ist die Zeit für eine vollständige Hin- und Herschwingung oder einer Periode;

$\frac{4\pi}{\alpha}$ die Zeit für zwei vollständige Hin- und Herschwingungen usw.

Wir können daher die Zeit für den Verlauf einer Periode schreiben:

$$t = \frac{2\pi}{\alpha}$$

Ersetzen wir t durch T und führen für α seinen früheren Wert aus $\alpha^2 = \frac{G I_p}{L I_R}$ in obige Gleichung ein, so erhalten wir:

$$T = \frac{2\pi}{\sqrt{\frac{G I_p}{L I_R}}} = 2\pi \sqrt{\frac{L I_R}{G I_p}}$$

oder die Frequenz $\frac{1}{T} = f = \frac{1}{2\pi}\sqrt{\frac{G I_p}{L I_R}}$

oder die Formel, die wir oben im Text angegeben haben.

Da in obiger Formel die Amplitude oder der Ausschlag φ nicht vorkommt, so sehen wir, daß die Eigenperiode eines Schwingungssystems von der oben vorausgesetzten Beschaffenheit von der Größe der Amplitude unabhängig ist, eine bekannte Tatsache, die uns die Erfahrung bei harmonisch verlaufenden kleinen Schwingungen gelehrt hat.

Es sei hier noch ausdrücklich darauf hingewiesen, daß in solchen Fällen wir der oben behandelte, bei denen man die Eigenperiode stets nur in erster Annäherung bestimmt, es ganz unnötig ist, de oben durchgeführte Rechnung zu wiederholen; denn betrachten wir unser Resultat etwas genauer, so sehen wir, daß unter dem Wurzelzeichen im Ausdruck $\frac{L I_R}{G I_p}$ welchen wir auch in der Form $\frac{I_R}{\frac{G I_p}{L}}$ schreiben können, der Nenner $\frac{G I_p}{L}$ nichts anderes darstellt, als dasjenige Verdrehungsmoment, welches nötig ist, um das Meßrohr um den Winkel 1 (in Bogenmaß) zu verdrehen, und der Zähler I_R nur aus dem polaren Trägheitsmoment der reduzierten Massen von Rohr, Scheibe usw. besteht.

In diesem besonderen Falle wäre also die Eigenperiode der Torsionsschwingung zu schreiben:

$$T = 2\pi\sqrt{\frac{\text{Trägheitsmoment}}{\text{Torsionsmoment für Einheitsverdrehung}}}$$

Bedenkt man, daß bei einer Drehung das Trägheitsmoment dieselbe Bedeutung hat wie die Masse bei einer Verschiebung, und ferner im ersten Falle das Drehmoment dieselbe Funktion hat wie die Kraft im letzten Falle, so kann man obige Formel, die für die Eigenperiode der Verdrehungsschwingungen gilt, ohne weiteres in eine für die Eigenperiode von ebenen Hin- und Herschwingungen umschreiben, indem man die entsprechenden Größen vertauscht,

$$T = 2\pi\sqrt{\frac{\text{Masse}}{\text{Kraft für Einheitsverschiebung}}}$$

Würde es sich also darum handeln, die Eigenperiode der Transversalschwingungen des Meßrohres festzustellen, so wäre es nach dem Vorhergehenden nur nötig, eine Annahme für die Größe der reduzierten Maße von Rohr, Scheibe usw. zu machen, und festzustellen, wie groß diejenige Kraft sein muß, um eine Enddurchbiegung des Rohres von 1 cm zu erzeugen und diese Werte in obige Formel festzusetzen.

Nun ist die Durchbiegung f eines Körpers von der Länge L, der an seinem einem Ende fest eingespannt ist, und an dem anderen Ende von einer Kraft P angegriffen wird, gleich:

$$f = \frac{PL^3}{3EI} \quad \text{(Siehe Hütte 05 S. 404).}$$

Hierin bedeutet E = Elastizitätsmodul des Materials,
I = Äquatoriales Trägheitsmoment des Körperquerschnittes.

Für $f = 1$ cm erhalten wir also die Kraft

$$P = \frac{3EI}{L^3}$$

Bezeichnen wir die auf die Länge L reduzierte Masse des Rohres mit Zubehör mit M, so können wir nach Obigem für die Eigenperiode der Transversalschwingung des Rohres schreiben:

$$T = 2\pi \sqrt{\frac{M}{\frac{3EI}{L^3}}} = 2\pi \sqrt{\frac{ML^3}{3EI}}$$

oder die Frequenz

$$\frac{1}{T} = f = \frac{1}{2\pi} \sqrt{\frac{3EI}{ML^3}}$$

Diese Schwingung wird natürlich nur bei einem freitragenden Meßrohr in Betracht kommen.

Im allgemeinen kann man sagen, daß diese Schwingung schon bei viel geringeren Frequenzen eintreten kann als wie die Torsionsschwingungen; man sieht dieses leicht bei einem Vergleich der beiden Formeln für die entsprechenden Schwingungsarten.

In der letzten Formel ist besonders der Faktor L^3 maßgebend; zudem ist das äquatoriale Trägheitsmoment I beim Kreisquerschnitt — und den haben wir ja bei unserem Meßrohr — die Hälfte des polaren Trägheitsmomentes (wegen $\int dm\, \mathfrak{p}^2 = \int dm\, y^2 + \int dm\, x^2$ und der Symetrie des Kreises).

Die oben hergeleitete allgemeine Formel für die Eigenperiode von Schwingungen kann man sich auch noch auf folgende Weise schnell aufstellen.

Aus der Mechanik wissen wir, daß die Größe der durch eine beliebige Kraft verursachten Verschiebung einer gegebenen Masse abhängig ist von der Größe der durch die Kraft der Masse erteilten Beschleunigung, und dem Quadrate der Zeit, während der die Kraft auf die Masse beschleunigend gewirkt hat, oder symbolisch, wenn wir die Beschleunigung mit a, die Kraft mit P, die Masse mit M, den Weg oder die Verschiebung mit S bezeichnen, und die Zeit mit t:

$$S = c\,a\,t^2 \text{ wo } c \text{ eine Konstante ist.}$$

oder

$$t = c \sqrt{\frac{S}{a}} = \text{konst.} \sqrt{\frac{\text{Verschiebung}}{\text{Beschleunigung}}}$$

$$a \text{ oder die Beschleunigung ist aber } \frac{P}{M} = \frac{\text{Kraft}}{\text{Masse}}$$

daher können wir schreiben:

$$t = \text{konst.} \sqrt{\frac{\text{Verschiebung}}{\frac{\text{Kraft}}{\text{Masse}}}}$$

$$= \text{konst.} \sqrt{\frac{\text{Masse}}{\frac{\text{Kraft}}{\text{Verschiebung}}}}$$

$$t = \text{konst.} \sqrt{\frac{\text{Masse}}{\text{Kraft für Verschiebung 1}}}$$

Die Konstante in obiger Gleichung ist für eine vollständige Hin- und Herschwingung stets 2π.

Wir können also schreiben, wenn wir noch t durch T ersetzen:

$$T = 2\pi \sqrt{\frac{\text{Verschiebung}}{\text{Beschleunigung}}} = 2\pi \sqrt{\frac{\text{Masse}}{\text{Kraft für Verschiebung } 1}}$$

Diese Gleichungen gelten für alle freien Transversalschwingungen, die als harmonisch verlaufend aufgefaßt werden können.

Für Torsionsschwingungen haben wir nach oben angegebenen und schon früher an anderen Stellen hervorgehobenen Analogien einfach:

$$T = 2\pi \sqrt{\frac{\text{Drehung}}{\text{Beschleunigung}}} = 2\pi \sqrt{\frac{\text{Trägheitsmoment}}{\text{Moment für Drehung } 1}}.$$

Wir werden später noch Gelegenheit haben, von diesen Formeln noch verschiedentlich Gebrauch zu machen; wir sind hier auf ihre Herleitung näher eingegangen, weil sie für den Ingenieur von größter Bedeutung sind. Denn, um noch einmal zu wiederholen, was wir schon an anderer Stelle hervorgehoben haben, nämlich, daß, sobald irgendeine periodische Störung auftritt, deren Periode mit der Eigenperiode oder ein Vielfaches derselben irgend eines Körpers oder einer Kombination von elastischen Körpern zusammenfällt, soweit dieser Zustand nicht direkt erwünscht ist, die Lage kritisch werden kann, indem in den weitaus meisten Fällen unerwünschte und Gefahr bringende Brüche der entsprechenden Körper nicht nur vorkommen können, sondern sogar sehr wahrscheinlich sind.

In den aufgestellten allgemeinen Formeln ist ein Mittel gegeben, solchen Möglichkeiten nicht nur vorzubeugen, sondern mit ziemlicher Gewißheit direkt auszuschließen.

Und nicht nur dieses; umgekehrt kann man oft durch Feststellung der Schwingungszeit mit Hilfe der obigen Gleichungen die Größe eines sonst schwer zu bestimmenden Trägheitsmomentes oder auch den Elastizitätsmodul eines Materials mit großer Genauigkeit bestimmen. Hier sei daran erinnert, daß gerade bei schwingenden Stäben usw. die entsprechende Schwingungszeit nach dem Gehör, also nach der Höhe des erzeugten musikalischen Tones, gefunden werden kann.

Auch die Spannungen in Telegraphendrähten, bei Seilbahnen oder in Förderseilen können durch Bestimmung der Schwingungszeiten leicht ermittelt werden; denn es ist leicht zu ersehen, daß in diesen Fällen die Kraft für die Verschiebung l, d. h. jene Kraft, die nötig ist, um beispielsweise einem gespannten Drahtseil oder einem Telegraphendraht in der Mitte 1 cm Durchhang zu geben, direkt von der Spannung des Seiles oder des Drahtes abhängen wird.

Ganz einerlei, ob es ein Hochbehälter auf eisernen Stützen, ein Fabrikgebäude auf Trägern, eine Transmission, die an Walzprofilen befestigt ist, ein Turmkran, kommunizierende Behälter oder selbst ein Dampfer ist; kann man feststellen, wie groß die Kraft oder das Moment sein muß, um den schwingenden Teil um 1 cm zu verschieben, oder um den Winkel 1 (Bogenmaß $\frac{360^0}{2 \cdot \pi}$) zu drehen, und die Größe der schwingenden Masse bezw. deren Trägheitsmoment, oder kennt man die Gesamtverschiebung, also die größte Amplitude der Schwingung und die Größe der wirkenden Kraft, so kann man nach den oben angegebenen Gleichungen sofort die Eigenperiode oder die Schwingungsdauer, d. h. die Zeit, in der eine vollständige Hin- und Herschwingung erfolgt, bestimmen, und jeder praktische Ingenieur weiß, daß, wenn er die Abmessungen der in Betracht kommenden Teile irgendeiner Anordnung nicht so dimensioniert, daß die Eigenschwingungszahlen der betreffenden Teile erheblich von der Periode irgendeiner störenden Ursache oder deren Vielfaches abweichen, daß dann etwas passieren kann. Nur zu oft passieren in solchen Fällen geradezu ungewöhnliche Sachen.

Die störende Ursache oder der Schwingungserreger mag in Gestalt eines böenartigen Windes, einer Seewelle oder mit der Umdrehungszahl einer Maschine auftreten, so ist z. B. anzunehmen, daß bei einer dreifachen Expansionsmaschine oder bei einem dreiflügeligen Propeller Störungen auftreten können, die im Verlauf jeder Umdrehung dreimal wiederkehren. Im übrigen haben wir uns schon an anderer Stelle über Schwingungserreger des näheren verbreitet, und müssen wir hier auf jene Stelle verweisen.

Rücksichten auf Festigkeit kommen hierbei meist gar nicht in Betracht; es ist eine allgemein bekannte Tatsache, auf die wir hier wohl nicht erst aufmerksam zu machen brauchen, daß Träger oder sonstige elastische Stützen und hier muß bemerkt werden, daß alle Körper in kleinerem oder größerem Grade elastisch sind — die an sich statisch nach der gewöhnlichen Rechnung vielleicht ganz enorme Lasten tragen können, sobald nur die richtigen Kräfte zu den richtig wiederkehrenden Zeiten zur Wirkung kommen, schon bei viel geringeren Lasten wie das proverbiale Espenlaub erzittern können, und nicht nur das, sondern direkt versagen.

Zum Schlusse sei noch bemerkt, daß, was die Bestimmung der Kraft für die Verschiebung *l*, oder des Momentes für die Drehung um den Winkel *l* betrifft, diese Werte aus den Hilfsbüchern genommen werden können, indem man, wie das oben schon geschehen ist, in den entsprechenden Formeln für die Durchbiegung oder Verdrehung in bestimmten Fällen diese Größe gleich *l* setzt und dann nach der Kraft oder dem Moment auflöst, je nachdem wir es mit einer Transversal- oder Torsionsschwingung zu tun haben.

Natürlich kann man sich die Gleichungen für die Durchbiegungen usw. auch aus der Anschauung herleiten oder beispielsweise die Durchbiegung nach der bekannten Gleichung der elastischen Linie $\frac{d^2y}{dx^2} = \frac{M}{EI}$ herleiten; doch wo solche Hilfsbücher, wie die Hütte, zur Verfügung stehen, wird man mit ihrer Hilfe in allen praktisch vorkommenden Fällen am leichtesten und am schnellsten fertig. — Unnütze Arbeiten spart man sich besser für Zeiten, wo die kleinen Alleswisser, die Hilfsbücher, fehlen.

Kann man die oben genannte Kraft oder das Moment nicht sofort bestimmen, d. h. vielleicht nach einer umfangreichen mathematischen Ermittlung erst, so kann man wenigstens nach der Anschauung finden, wovon diese Größen abhängig sind. Die nötigen Konstanten lassen sich dann leicht an einem kleinen Modell bestimmen, bei dem die verschiedenen Größen, die in die Formel für die Eigenperiode eingehen, als bekannt vorausgesetzt werden können, oder doch wenigstens experimentell leicht festgestellt werden können.

Es ist vielleicht unnötig, hier noch zu bemerken, daß bei den schon früher hervorgehobenen Analogien zwischen magnetisch-elektrischen und mechanischen Schwingungssystemen die Gleichungen für die ersteren ohne weiteres aus den hier für letztere angegebenen folgen.

Bei dem hier angedeuteten Vorgange kann man sich viel Zeit und Mühe sparen; selbst die eingehendsten und oft schwierigen methematischen Untersuchungen von Schwingungsvorgängen führen meistens auf die angegebenen Formeln für die Eigenperiode zurück; für solche Untersuchungen hat aber der praktische Ingenieur meist keine Zeit, vielleicht auch nicht die Geduld, oft auch nicht die Schulung; weshalb soll er da nicht den hier vorgeschlagenen einfachen Weg einschlagen, den der Anschauung, auf dessen

Hierin bedeuten:

L = Länge des Meßrohres in cm,

G = Schubmodul des Rohrmaterials in kg/qcm,

I_p = Polares Trägheitsmoment des Rohrquerschnittes in cm^4,

I_R = Polares Trägheitsmoment der Maße von Rohr und Scheibe mit getragenen Maßen in kg cm $sec.^2$ [11])

Resultate ja selbst die kompliziertesten analytischen Wege meistens hinauslaufen? Der praktische Ingenieur braucht Resultate! und er braucht sie schnell und sicher. Ihm die Möglichkeit der Verschaffung solcher zu geben, haben wir in Vorstehendem versucht; ihm ein Mittel an die Hand zu geben, mit dessen Hilfe er sich in einem von außen meist kompliziert mathematisch anmutenden und an sich so einfachen Gebiete leicht und schnell zurecht finden kann. Wenn wir dabei auch vielleicht von unserem eigentlichen Kurse abgewichen sind, so wird uns diese kleine Deviation wohl zu verzeihen sein, denn in der Tat, die Schwingungserscheinungen sind als der ewig pulsierende, oft unhörbar tönende, Nucleus oder Kern unseres Weltalls, unseres „Seins", zu betrachten, und es ist für den Ingeieur eine der schönsten und vornehmsten Aufgaben, sich mit denselben zu befassen, ihnen ihre Geheimnisse abzulauschen oder gar abzuringen zu seinem eigenen und der gesamten Menschheit Wohl!

[11]) Die Einheit kg cm sec^2 für I_R folgt aus folgender Ueberlegung:

Das Moment der Trägheitskraft ist: Reduzierte Masse mal Wegbeschleunigung mal Abstand von Drehachse, also

$$m \cdot \frac{d^2x}{dt^2} \cdot r$$

Nun ist aber die Wegbeschleunigung gleich Bogenbeschleunigung $\frac{d^2\varphi}{dt^2} \cdot r$

oder
$$\frac{d^2x}{dt^2} = r\frac{d^2\varphi}{dt^2}$$

Das Moment der Trägheitskraft ist also

$$m \cdot r \cdot r \cdot \frac{d^2\varphi}{dt^2} = mr^2\frac{d^2\varphi}{dt^2} = I_R\frac{d^2\varphi}{dt^2}$$

oder Trägheitsmoment mal Winkelbeschleunigung, wie wir es in der in Fußnote 10 angegebenen Differentialgleichung schrieben.

Nun ist $\frac{d^2\varphi}{dt^2}$ eine reine Zahl auf sec^2 bezogen (da φ definiert ist als $\frac{\text{Bogen}}{\text{Radius}}$, also durch das Verhältnis zweier Längen zueinander gemessen wird), dagegen wird die Einheit von $I_R = m . r^2$ von den Dimensionen dieser letzten Größe abhängen.

Die Einheit der Masse ist die der Kraft dividiert durch die der Beschleunigung oder $\frac{\text{kg}}{\frac{\text{cm}}{\text{sec.}^2}}$; die von r ist cm, also von r^2, cm^2.

Aus der Formel 1) ist leicht zu ersehen, daß die Schwingungsdauer T sehr klein sein wird, d. h. die Schwingungszahl eines solchen Rohres wird in den meisten praktisch vorkommenden Fällen ziemlich hoch liegen, da ja der Schubelastizitätsmodul G von der Größenordnung eine Million ist, und die Größenordnung von dem polaren Trägheitsmoment I_p des Rohrquerschnittes bei größeren Wellen (320 mm Φ) wohl in der Nähe von 15 000 liegen wird, dagegen die Länge L des Rohres wohl selten 2 m = 200 cm überschreiten wird. Über die Größe des polaren Trägheitsmomentes I_R der reduzierten Maße des Rohres mit Zubehör läßt sich so ohne weiteres nichts sagen. Es ist jedoch anzunehmen, daß bei leichter und sachgemäßer Konstruktion (Massen nach innen halten) diese Größe bedeutend kleiner sein wird als die von I_p. Auf Grund dieser Angaben kann man annehmen, daß die Schwingungsdauer T eines solchen Rohres wohl von der Größenordnung 1/100 Sek. sein wird, also, sofern wir es mit einer Störung zu tun haben, die mit jeder Umdrehung der Welle einmal erfolgt, d. h. mit der ersten Grundwelle, so würden aller Wahrscheinlichkeit nach die Schwingungen des Rohres sich erst bei einer Umdrehungszahl der Welle von 6000 pro Minute unangenehm bemerkbar machen. Haben wir es dagegen mit Unterschwingungen zu tun, beispielsweise der sechsten, d. h. die Störung erfolgt im Verlauf einer Umdrehung sechsmal, so könnten die Schwingungen schon in der Nähe von 1000 Umdrehungen in der Minute Störungen verursachen, doch sind die Unterschwingungen erfahrungsgemäß meist immer sehr schwach, also von sehr geringer Amplitude; es überwiegen meist die Schwingungen erster Ordnung; welche Welle am stärksten ist, wird natürlich stets von dem jeweiligen Verlauf der Verdrehung und den Ungleichförmigkeiten der Wellenrotation abhängen; im allgemeinen kann man sagen, daß bei Kolbenmaschinen eine harmonische Analyse des aus den Indikatordiagrammen mit Berücksichtigung der Trägheit der hin- und hergehenden Massen gewonnenen Tangentialdruckdiagramms genügend Auskunft über die in Frage kommende Schwingung geben wird. Nach Formel 1) läßt sich das Meßrohr dann entsprechend dimensionieren.

Daher Einheit von

$$I_R = \frac{\text{kg sec.}^2}{\text{cm}} \cdot \text{cm}^2 = \text{kg cm sec.}^2;$$ sodaß die Einheit des Produktes

$$I_R \frac{d^2\varphi}{dt^2} = \text{kg cm sec.}^2 \cdot \frac{1}{\text{sec.}^2} = \text{kg cm},$$ der Einheit eines momentes wird.

Daß hier und in Fußnote 10 das *cm* als Längeneinheit gewählt ist, hat seinen Grund darin, daß der Schubmodul G in kg/cm^2 angegeben wird.

Um den Einfluß etwaiger auftretender Torsionsschwingungen des Meßrohres auf die zu messende Verdrehung der Welle tunlichst zu vermeiden, hat Föttinger die in Fig. 3 gezeigte doppelte Anordnung des Meßrohres vorgeschlagen.[12]) Statt also, wie in Fig. 2, die Scheibe *II* direkt mit der Welle zu verbinden und die nötige Verdrehungslänge der Welle durch Verwendung des Meßrohres *K* mit seiner Scheibe *I* zu erhalten, soll in diesem Falle die Scheibe *II* auch mit einem Meßrohr *K II* versehen werden, dessen Ende dann mit der Welle fest verbunden wird, wie in Fig. 3 angedeutet, so daß eine vollständig symmetrische Anordnung resultiert, bestehend aus den Scheiben *I* und *II* der Fig. 3 mit einem Meßrohr *K I* resp. *K II*.

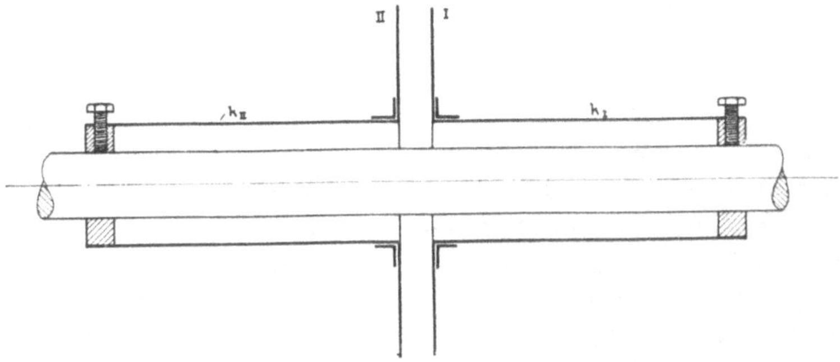

Fig. 3.

Zu diesem Vorschlage Föttingers ist folgendes zu bemerken: Wird die Anordnung so getroffen, daß die Scheiben *I* und *II* mit ihren entsprechenden Meßrohren *K I* und *K II* bezüglich ihrer Dimensionen und Materialeigenschaften, sowie die auf beiden Scheiben angebrachten Maßen der Größe nach und in ihrer Entfernung von Wellenmitte genau übereinstimmen, oder allgemeiner gesagt, wenn das polare Trägheitsmoment der reduzierten Massen, I_R nannten wir es in Gleichung 1) Seite 8 und das I , G und L dieser Gleichung genau übereinstimmen, d. h. haben beide Teile der Anordnung Fig. 3 dieselbe Eigenperiode, so werden die Scheiben *I* und *II*, im Falle durch irgend eine Ungleichförmigkeit in der Wellenumdrehung Torsionsschwingungen in den Meßrohren *K I* und *K II* erzeugt werden, wohl absolut diese Schwingungen ausführen, relativ zu einander aber in Ruhe verharren, d. h. die Torsionsschwingungen würden unter obigen Bedingungen auf die Verdrehungsmessung keinen Einfluß ausüben können, da ja der ganze Verdrehungsmechanismus auf die Bestim-

[12]) Forschungsarbeiten Loc. cit. P. 72 f.

mung einer gegenseitigen Verschiebung der Scheiben *I* und *II* zugeschnitten ist und eine solche hier nicht eintritt.

Wesentlich anders gestalten sich die Verhältnisse, wenn die Torsionsschwingungen der Meßrohre *K I* und *K II* nicht durch eine Ungleichförmigkeit der Wellenumdrehung hervorgerufen werden, wobei die hierdurch bedingten Trägheitskräfte in gleichem Sinne ein Drehmoment auf die Scheiben *I* und *II* ausüben, sondern der Schwingungserreger in Gestalt einer periodisch schnell wechselnden Verdrehung oder einer Torsionsschwingung der Welle selbst auftritt.

Es ist ohne weiteres klar, daß dann die Scheiben *I* und *II*, unter Vorausetzung der Gleichheit der Eigenperioden nicht mehr wie eben in gleicher Richtung ausweichen werden, d. h. relativ sich in Ruhe befinden, sondern in einander entgegengesetzter Richtung ausschwingen werden, und zwar werden sie gegeneinander einen maximalen Weg zurücklegen, der gleich der doppelten Amplitude der Torsionsschwingung der Rohre ist. Dieses hat seinen Grund darin, daß bei einer Verdrehungsschwingung der Welle die Querschnitte, an denen die Rohre festgeklemmt sind, sich gegeneinander in verschiedenem Richtungssinn bewegen, und daher auch die auf die Scheiben *I* und *II* wirkenden Momente der Trägheitskräfte entgegengesetzten Sinn haben werden, und, da die Eigenperioden gleich sein sollten, so machen beide Scheiben gleiche Ausschläge, aber nach entgegengesetzten Seiten; sie legen also, wie oben schon gesagt, gegeneinander einen größten Weg zurück, der noch einmal so groß ist, wie die größte Ablenkung, die eine Scheibe für sich erfährt.

Man sieht hieraus, daß beim Eintreten des letzt besprochenen Falles die Angaben des Verdrehungsmessers ganz bedenklich gefälscht werden können. Tritt dagegen der Fall ein, daß die Eigenperioden der Meßrohre nicht, wie oben angenommen, übereinstimmen, im Gegenteil, grundverschieden sind, wie es in praktischen Fällen meistens sein wird, so ist leicht zu ersehen, daß in einem solchen Falle, wie auch die Torsionsschwingungen erregt sein mögen, dieselben in vielfach störenderer Weise empfunden werden können, als wie unter den zuerst angenommenen Bedingungen. Hierzu ist noch zu bemerken, daß, im Falle die Meßrohre verschiedene Eigenperioden aufweisen, es leicht vorkommen kann, daß bei einer gewissen Umlaufszahl der Welle das eine Meßrohr in Schwingungen gerät, wogegen das andere in vollständiger Ruhe verharrt, während bei einer anderen Tourenzahl das Gegenteil eintritt.

Aus dem Vorhergegangenen geht zur Genüge hervor, daß die von Föttinger vorgeschlagene Anordnung zur fast vollständigen Eliminierung der Verdrehungsschwingungen des Meßrohres, wie es bei den verschiedenen Methoden zur Verdrehungsmessung zur Anwendung gelangt, im Falle solche Schwingungen tatsächlich auftreten, vielleicht nur in einem ganz besonderen Ausnahmefalle verbessernd wirken, in der Hauptsache aber eher verschlechternd auf die Genauigkeit der Meßergebnisse wirken kann.

Wir müssen daher feststellen, daß die Anordnung nach Fig. 3 ihren Zweck gänzlich verfehlt. Zudem kommt noch, daß, da die Meßrohre *K I* und *K II* nicht freitragend angeordnet werden können, wie in der Fig. 3 gezeigt, sondern gegen die Welle gelagert werden müssen [13]); so müßte bei der Anordnung nach Fig. 3 eine doppelte Lagerung gegen die einfache der gewöhnlichen Anordnung des Meßrohres vorgesehen werden; auch würde die erste Anordnung noch aus anderen naheliegenden Gründen teuerer werden als letztere.

Der einzige Weg, die Störungen zu vermeiden, die durch die im Vorhergehenden besprochenen Schwingungserscheinungen verursacht werden können, ist, die Abmessungen der Meßrohre so zu treffen, daß die Schwingungen in dem Verwendungsbereich des betreffenden Verdrehungsmessers überhaupt nicht aufkommen können; ähnlich wie man bei rotierenden Maschinen es vermeidet, die normale Umlaufszahl mit der kritischen Tourenzahl der in Frage kommenden Welle zusammenfallen zu lassen.

Die im Vorhergehenden angegebene Formel 1 kann, wie schon früher bemerkt, zur Berechnung der Meßrohre benutzt werden.

Es erübrigt sich noch, einige Worte über den Hebel- und Hülsenmechanismus, wie er bei dem schon in Fig. 2 gezeigten Verdrehungsmesser von Föttinger zur Anwendung gelangt, zu sagen.

Es ist klar, daß auf diese Teile je nach Verlauf der Verdrehung der Welle oder je nach den Ungleichförmigkeiten in der Wellenrotation Trägheitskräfte wirken können, die zeitweilig bestrebt sind, den Apparat zur Verdrehungsanzeige zu bringen, obwohl eine solche vielleicht gar nicht vorhanden ist.

Um derartige Fehler zu vermeiden, wird es also nötig sein, die Hebel des Verdrehungsmessers so auszubalanzieren, daß die oben genannten Kräfte nicht mehr verstellend auf sie einwirken können.

---

[13]) Wegen Durchbiegung des Rohres und unvermeidlicher Transversalschwingungen desselben. (Vergl. Fußnote 10, S. 8.)

Dieser Forderung ist man auch zum Teil bei der eigentlichen Ausführung der Föttingerschen Apparate gerecht geworden.[14])

Aber nicht nur die Hebel des in Fig. 2 gezeigten Verdrehungsmessers werden von den genannten Kräften beansprucht, sondern solche wirken auch auf die verschiebbare Hülse *f* der Fig. 2 ein. Wäre dieselbe nicht auf der Welle geführt, so würde sie beim Eintreten von Ungleichförmigkeiten gleich welcher Art stets bestrebt sein, gegen die Welle zurückzubleiben oder gegen dieselbe vorzueilen. Es ist leicht einzusehen, daß ein solches Verhalten der Hülse keineswegs zur Güte der Meßresultate beitragen würde.

Ist dagegen die Hülse in achsialer Richtung auf der Welle geführt, so werden, da die Hülse sich alsdann nicht mehr gegen die Welle selbst verschieben kann, der verhinderten Bewegung entsprechende Kräfte auf die Hülsenführung wirken, d. h. die Kraft, welche nötig ist, um die Hülse in achsialer Richtung zu verschieben, wird je nach dem Bewegungszustand einen anderen Wert annehmen müssen.

Nun geschieht die Verstellung der Hülse wohl niemals langsam, vielmehr augenblicklich, so daß die momentanen Trägheitskräfte, selbst wenn die Masse der Hülse klein gehalten wird, beträchtliche Werte annehmen können.

Sämtliche auf die Hülse wirkenden Kräfte üben, wie leicht ersichtlich, eine Rückstellkraft auf den Hebelmechanismus des Verdrehungsmessers aus, die dessen Zusammenhang leicht gefährden kann.

Föttinger scheint, um diese Kräfte möglichst zu vermindern, der Hülse *f* der Fig. 2 erst aus Aluminium und später leichter, aus Magnalium [15]) hergestellt zu haben.

Hier ist noch zu bemerken, daß der Bewegungsvorgang bei der Hülse genau dem gleicht, der bei einer Regulatormuffe auftritt [16]),

---

[14]) Schiffsbautechn. Gesellsch. Loc. cit. P. 151 f.

[15]) Schiffsbautechn Gesellsch. Loc. cit. P. 153. Magnalium ist eine Aluminium-Magnesium-Legierung (2—8 % Magnesium). Vergl. Fischer, Metallurgie S. 371, 402 oder Hütte 05, S. 531.

[16]) Solche Bewegungen sind verschiedentlich eingehend untersucht worden; man vergl. hier die a. a. O. angegebene Literatur über kleine Schwingungen.

Die Gleichungen für eine solche Bewegung lassen sich am einfachsten so entwickeln, daß man das Gestänge oder die Hebel, welche die Hülse bewegen, auf zwei zueinander rechtwinklige Ebenen projiziert; durch dieses Vorgehen erhält man dann zwei unabhängige Gleichungen für die Bewegung der Hülse, deren Kombination uns dann die Wegkoordinate der Hülsenbewegung in Abhängigkeit von bekannten Größen gibt. Differenziert man diese

es ist überhaupt leicht einzusehen, daß ein falsch konstruierter, d. h. ein nicht richtig ausbalanzierter Torsionsindikator, nach dem in Fig. 2 schematisch dargestellten Prinzip sich genau wie ein Regulator benehmen wird, d. h. ohne daß Verdrehung vorhanden ist, wird die Hülse *f* je nach der Umdrehungszahl der Welle eine andere Stellung auf der Welle einnehmen, und somit eine nicht vorhandene Verdrehung anzeigen.

Fig. 4 zeigt eine Ausführungsform des oben beschriebenen Verdrehungsmessers. Die Scheiben *I* und *II* der Fig. 2 sind bei die-

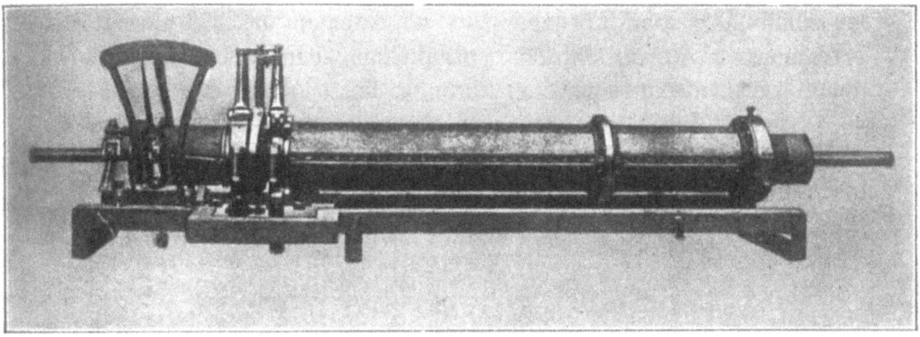

Fig. 4.

Wegkoordinate einmal bezw. zweimal, so erhält man einen Ausdruck für die augenblickliche Geschwindigkeit resp. Beschleunigung der Hülse. Ersterer Ausdruck ist dann für die Größe der Dämpfungs- oder Widerstandskräfte, letzterer für die Größe der Trägheitlkräfte ausschlaggebend.

Bestimmt man dann noch die Größe der momentanen Rückstell- oder Richtkräfte, so kann nach Früherem die Differentialgleichung für die Hülsenbewegung leicht aufgestellt werden.

Hängt die Hülse selbst mit Teilen zusammen, die elastisch sind, oder können z. B. Hebel ausknicken oder elastisch nachgeben, so ist diesem Umstande unbedingt Rechnung zu tragen. Das geschieht so, daß man den elastischen Teil, der die Hülse bewegen soll, durchgeschnitten denkt. Man führt dann an den Schnittstellen die elastischen Kräfte ein und stellt dann zwei simultane Differentialgleichungen auf, eine für die Hülse mit der auf sie einwirkenden elastischen Kraft, die andere für den bewegenden Teil und der an ihm angreifenden elastischen Kraft.

Durch Kombination beider Gleichungen erhält man dann die Differentialgleichung für die eigentliche Bewegung.

Die Diskussion des Charakters der endgültig zu erwartenden Bewegung, d. h. die Integration der aufgestellten Differentialgleichung, ist Sache der Theorie der kleinsten Schwingungen, und sei hier des weiteren auf die hierüber a. a. O. angegebene Literatur verwiesen.

Geht man nicht in der hier zuletzt beschriebenen Weise vor, d. h. vernachlässigt man die Elastizität einzelner Elemente, so muß man sich darauf gefaßt machen, ebensolche widersinnigen Resultate zu erhalten, wie man sie

ser Ausführung durch zwei radial angebrachte Stützen ersetzt worden; diese sind im Bilde rechts zu sehen.

Weitere Ausführungsformen nebst näheren Konstruktionsangaben finden sich in der an anderer Stelle angegebenen Literatur; auch ist noch zu bemerken, daß die Baulänge des Apparates dadurch erheblich reduziert werden kann, daß die Hülse *f* der Figur 2 nicht auf der Welle selbst gelagert wird, sondern auf die Verdrehungshülse oder auf das Meßrohr *K* gesetzt wird, welche Möglichkeit bei geringen Wellenlängen von nicht zu unterschätzendem Vorteil sein kann.

Wir wenden uns jetzt der Besprechung des eigentlichen Torsionsindikators von Föttinger zu; wir können uns bei dieser Besprechung in Anbetracht der voraufgegangenen Ausführungen über den Verdrehungsanzeiger von Föttinger desto kürzer fassen.

Der in Fig. 5 schematisch dargestellte Apparat gleicht dem im Vorhergehenden beschriebenen bis auf die Art, in der die Verdrehung nach außen hin sichtbar gemacht wird.

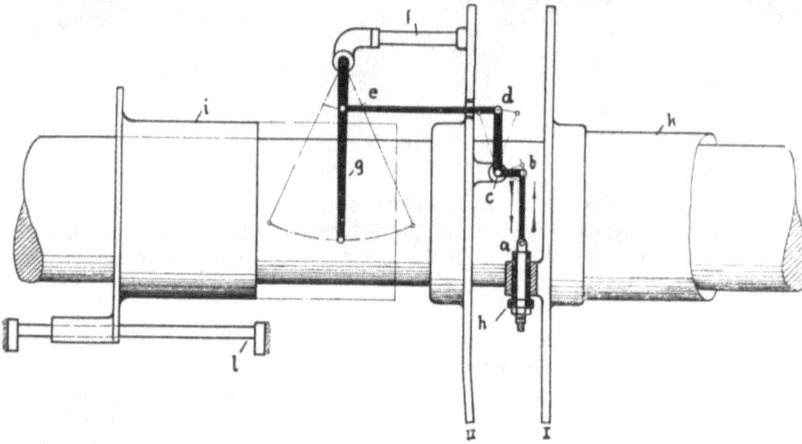

Fig. 5.

---

z. B. erhält, wenn man bei einer Untersuchung, die die Vorgänge klar legen soll, die in einem Rohre auftreten, wenn das darin fließende Wasser plötzlich in seiner Bewegung gehemmt wird, vergißt, daß Wasser und Rohr elastisch sind, oder wenn man bei den Bewegungsvorgängen in langen Wellenleitungen die Elastizität der Welle vernachlässigt.

Im übrigen sei hier bemerkt, daß bei der Erörterung der Torsionsschwingungen die Bewegungsgleichungen auf die oben angedeutete Weise aufgestellt wurden; es sei daher hier noch im einzelnen auf jene Stelle verwiesen. (Vergl. auch Fußnote 18, S. 25.)

Einen prägnanten Fall der elastischen Kupplung zwischen dem bewegenden Teil und der oben erwähnten Hülse haben wir bei dem später beschriebenen Torsionsindikator von Denny-Edgecombe. (Siehe S. 39.)

Er besteht aus dem bekannten Meßrohr *K*, den Scheiben *I* und *II*, dem schon beschriebenen Hebelmechanismus *a, b, c, d, e*. Die Bewegung des Punktes *d*, die ja nach früherem der relativen Verschiebung der Scheiben *I* und *II* bezw. der Verdrehung des Wellenstückes von Meßlänge entspricht, wird durch den Hebel *d e* auf einen Hebel *g* übertragen, der auf einer Stütze *f* drehbar gelagert ist, welche selbst fest mit der Scheibe *II* verbunden ist. Der Endauschlag des Hebels *g* wird also ein der jeweilig vorhandenen Umdrehung proportionaler sein.

Um diesen Ausschlag des Zeigers festzustellen, wird die Welle mit einer auf ihr achsial verschiebbaren Trommel *i* versehen. Diese wird durch eine im äußeren Raume festliegende Führung *l* festgehalten. Schiebt man die Schreibtrommel *i* in die gestrichelte Stellung der Fig. 5 vor, so ist der Apparat so eingerichtet, daß ein am Ende des Hebels *g* angebrachter Schreibstift eben auf dem auf die Trommel *i* aufgelegten Schreibpapier ruht. Die Führung *l* der Trommel ist, wie aus Fig. 5 ersichtlich, soweit zurückgelegt, daß bei feststehender Trommel *i* die Scheibe *II* mit Stütze *f* und Hebeln *d*, *e* und *g* sich frei gegen dieselbe bewegen können. Rotiert also die Welle, so zeichnet der Hebel *g* seine Bewegungen auf die ruhende Trommel *i* auf.

Will man diese Aufzeichnungen selbst näher in Augenschein nehmen, so ist nur nötig, die Trommel *i* auf ihrer Führung *l* soweit zurückzuschieben, daß sie frei von den um sie rotierenden Hebeln *d*, *e*, *g* und der Stütze *f* wird, worauf man leicht das erhaltene Diagramm von der Trommel abnehmen kann.

Man sieht, daß bei diesem Apparat beim Aufzeichnen des Diagramms ganz ähnlich vorgegangen wird, wie bei dem gewöhnlichen Dampfindikator, nur daß bei letzterem das Hebelzeug feststeht, während die Schreibtrommel eine dem Kolbenhube der Maschine entsprechende Drehung ausführt, während bei der ersten Anordnung im Gegensatz hierzu die Schreibtrommel feststeht und das Hebelwerk oder Schreibzeug um dieselbe mit Wellengeschwindigkeit rotiert.

Zudem besteht in dem durch Fig. 5 veranschaulichten Falle noch der Unterschied, daß bei dem gewöhnlichen Indikator das Schreibzeug eine Geradeführung aufweist, während in jenem Falle der Endpunkt des Hebels *g* Kreisbögen beschreibt.

Wir werden später Gelegenheit haben, zu zeigen, was dieser Umstand auf die Aufzeichnungen dieses Apparates, bei dem der Hülse die Bewegung mittelst von Federn gespannter dünner Drähte zugeleitet wird, für einen Einfluß hat. (Vergl. Seite 52.)

Dieser Umstand hat, soweit die Verdrehungsmessung in Betracht kommt, nichts zu sagen; nur wenn die erhaltenen Diagramme mit einem Tangentialdruckdiagramm verglichen werden sollen, welches aus den Indikatordiagrammen einer Maschine zusammengesetzt worden ist, müssen die erhaltenen Torsionsdiagramme auf rechtwinklige Koordinaten umgezeichnet werden.

Um diese Umzeichnung bei Kolbenmaschinen, bei denen sie ja schließlich nur in Betracht kommen könnte, nicht jedesmal vornehmen zu müsesn, hat Föttinger einige seiner Apparate direkt mit Geradführung versehen:[17])

Das Übersetzungsverhältnis wird bei dem in Fig. 5 gezeigten Apparat genau so gefunden, wie bei dem der Fig. 2, den wir schon im Vorhergehenden beschrieben haben.

Dasselbe wird abhängen von den Abmessungen des Kniehebels *b, c, d* und der gegenseitigen Entfernung der einzelnen Punkte des Hebels *g*, Fig. 5.

Die Mikrometerschraube, um künstlich eine Verdrehung nachzuahmen von gegebenem Werte, ist in Fig. 5 mit *h* bezeichnet.

Da bei der oben beschriebenen Anordnung das Schreibzeug mit Wellengeschwindigkeit um die Trommel rotiert, der Schreibstift des Hebels *g* der Fig. 5 also zum mindesten sich mit dieser Geschwindigkeit gegen das Papier der Schreibtrommel bewegt, so ist

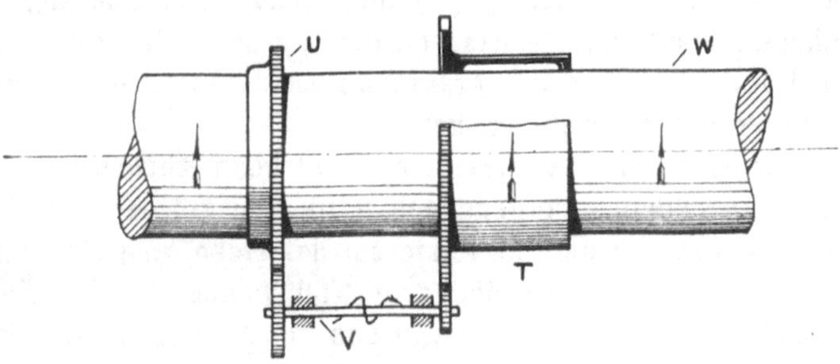

Fig. 6.

leicht verständlich, daß bei größeren Umfangsgeschwindigkeiten ein Registrieren in der eben beschriebenen Weise nicht mehr möglich ist.

Diese Schwierigkeit überwindet Föttinger auf folgende Weise:

Die Welle *W*, Fig. 6, erhält einen Zahnkranz *U*, der mit einem Getriebe *V* in Eingriff steht, vermittelst dessen sie die Trommel *T* antreibt.

---

[17]) Schiffbautechn. Gesellschaft, Loc. cit. P. 148.

Es ist dieses die bekannte Differentialgetriebe - Anordnung. Werden die Durchmesser der einzelnen Zahnräder entsprechend gewählt, so kann man es erreichen, daß die Trommel *T* gegen ihren Schreibstift sich mit jeder beliebigen Geschwindigkeit bewegt, d. h. durch Anwendung des Differentialgetriebes kann erreicht werden, daß die Schreibtrommel gegen die Welle um einen bestimmten Betrag pro Umdrehung derselben vor- oder nacheilt.

Andere zur Ausführung gelangte Variationen dieses Prinzips finden sich in den schon angegebenen Arbeiten Föttingers.

Bei größeren Umfangsgeschwindigkeiten tritt neben dem oben besprochenen Übelstand noch ein anderer auf; bei einer bestimmten Umdrehungszahl der Welle hebt sich nämlich der Schreibstift des Hebels *g*, Fig. 5, von der Trommel ab. Dieser Zustand wird erreicht, sobald die resultierende Fliehkraft, die auf den Hebel *g* vermöge seiner Rotation mit der Welle wirkt, diesen selbst soweit elastisch deformiert, bis er das Papier nicht mehr berührt.

Gerät er hierbei durch Ungleichförmigkeiten der Bewegung in Schwingungen, so kann es sein, daß er noch in einzelnen Momenten auf die Trommel zurückschwingt und so auf derselben einzelne Punkte verzeichnet.

Bei sehr hoher Wellenumdrehungsgeschwindigkeit kann endlich der Fall eintreten, daß der Hebel *g* über seine Elastizitätsgrenze hinaus beansprucht wird und so bleibend deformiert wird. Dieser Fall kann auch bei sehr scharf eintretenden Ungleichförmigkeiten in der Bewegung der Welle, sowie, wenn solche in der Bewegung des Hebels *g* selbst eintreten, leicht vorkommen. [18])

---

[18]) Obige Bemerkungen sollen durch die nebenstehenden Skizzen näher erläutert werden. (Fig. 8 a.)

In *I* ist gezeigt, wie ein Schreibhebel unter dem Einfluß einer auf ihn wirkenden Zentrifugalkraft *C* und *S*, sich durchbiegt. Diese entsteht, wenn der Schreibhebel in der in *I* gezeigten Stellung um eine Achse, die rechtwinklig zur Papierebene steht, in einer der durch die Pfeile *A* angegebenen Richtung rotiert.

Führt dagegen der Schreibhebel in der in *II* gezeichneten Stellung eine schwingende Bewegung um eine Achse rechtwinklig zur Papierebene in einer durch die Pfeile *B* angegebenen Richtung aus, so wirken auf ihn zwei Kräfte, erstens eine Zentrifugalkraft C^1, die den Hebel zu verlängern sucht, also im allgemeinen von untergeordneter Bedeutung sein wird, und zweitens eine Trägheitskraft *T*, die von besonderer Bedeutung ist. In *II* ist der Hebel um das Stück S^2 unter dem Einflusse der Kraft *T* durchgebogen gezeichnet.

Schwingt der Hebel mit der in *I* angedeuteten Durchbiegung S_1, wie für *II* beschrieben und in III im Schnitt angedeutet, also in Richtung der Pfeile *B* und B^1, hin und her, so wird der Schreibhebel verdreht, wie in III oben angedeutet. Die reduzierte Masse der Hebel hat nämlich dann ein Moment um die Figuren- oder Längsachse des Hebels.

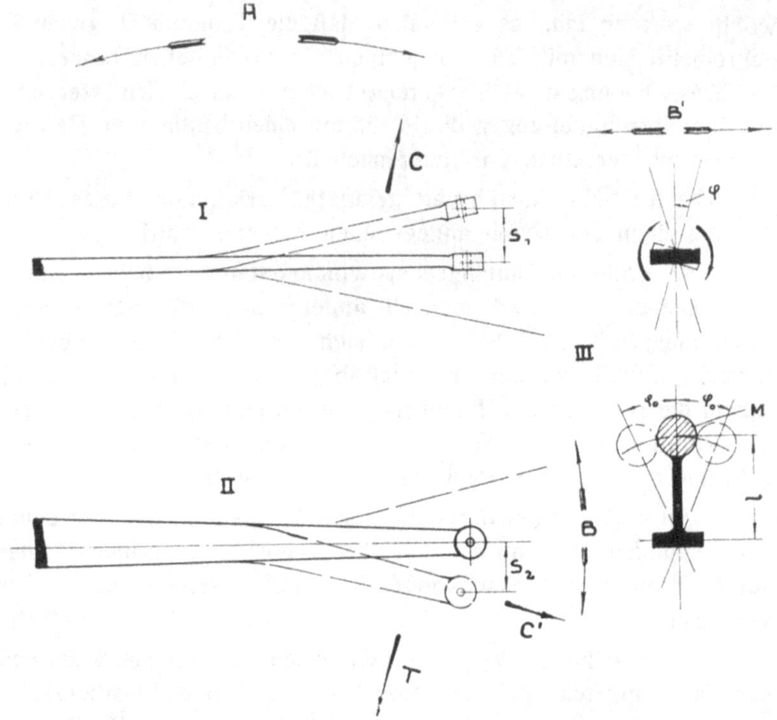

Fig. 8a.

Dieses ist dasselbe, als wenn, wie in III unten gezeigt, der Hebel nicht durchgebogen wäre und an ihm eine Masse M in der Entfernung l befestigt wäre. Die Verdrehung ist im ersten Falle mit φ, im zweiten mit φ_0 bezeichnet.

Der letzte Fall illustriert auch das über die in Fig. 8 gezeigte Schreibstiftanordnung Gesagte.

Man kann sich leicht vorstellen, daß beim Hin- und Herspielen des Hebels die mit φ_0 bezeichnete Verdrehung des Hebels eintreten kann.

Die Eigenschwingungszeiten ergeben sich sofort aus dem in Fußnote [10]) Gesagten. Im letzten Falle wäre das in die Rechnung einzuführende Trägheitsmoment gleich $M l^2$.

Eigentlich hat man es bei dem hier besprochenen Hebel überhaupt mit einer sogenannten Kreisel- oder Gyroskopwirkung zu tun, d. h. bei einem Hebel, der um irgendeine Achse rotiert und relativ zu dieser bestimmte Bewegungen ausführt, treten ähnliche Kräfte in Erscheinung, wie sie bei den Kreiseln oder Gyrostaten auftreten, sobald deren freie Achsen durch äußere Kräfte eine Ablenkung aus ihrer ursprünglichen Richtung erfahren.

Es würde hier zu weit führen, auf diese Tatsache im Einzelnen einzugehen. Da aber gerade in dem Vorhandensein solcher Kreiselwirkungen bei den mechanischen Torsionsindikatoren des Föttingerschen Typs der Hauptunterschied zwischen diesen und den gewöhnlichen Dampfindikatoren zu finden ist, so soll hier kurz angedeutet werden, wie die tatsächlichen Verhältnisse bei einem solchen Hebel liegen. Wir müssen indes erst eine kleine Erläuterung vorausschicken.

Aus der Mechanik ist der Begriff „Bewegungsgröße" bekannt, er stellt das Produkt aus Masse und Geschwindigkeit dar.

Bezeichnet man also mit M die Masse und mit v die Geschwindigkeit eines Körpers, so ist $M . v$ die Bewegungsgröße des Körpers zu der bestimmten Zeit, zu der er die Geschwindigkeit v besitzt.

Soweit für eine geradlinige Bewegung. Haben wir es mit einer rotierenden Bewegung zu tun, so haben wir aus der Analogie beider den entsprechenden Ausdruck für die rotierende Bewegung. Ersetzen wir also in $M . v$ das M durch das Trägheitsmoment I des Körpers bezogen auf seine Rotationsachse, und das v durch ω der Winkelgeschwindigkeit, mit der sich der Körper um die entsprechende Achse dreht, so erhalten wir $I . \omega$.

Doch betrachten wir diesen Ausdruck etwas genauer. Nehmen wir einmal an, wir hätten die Masse M unseres oben betrachteten Körpers in einem Punkte im Abstande r von der Rotationsachse konzentriert; dann wäre dessen Trägheitsmoment $I = m . r^2$; und für ω können wir schreiben $\frac{d\varphi}{pt}$, wo φ der Drehwinkel sein soll.

Für $I . \omega$ können wir also schreiben

$$m \cdot r^2 \cdot \frac{d\varphi}{dt} = \left(m \cdot r \cdot \frac{d\varphi}{dt}\right) r.$$

$r \frac{d\varphi}{dt}$ stellt aber die Weggeschwindigkeit v der Masse m dar; hiermit geht $I . \omega$ über in $M . v . r$.

In dem Produkt $M . v$ erkennen wir aber unsere Bewegungsgröße wieder, und hier finden wir sie mit dem Abstand r von der Drehungsachse multipliziert.

Der dem Ausdruck $M . v$ entsprechende Ausdruck $I . \omega$ für die Drehbewegung stellt also keine reine Bewegungsgröße vor, sondern ein Moment der Bewegungsgröße, was daraus folgt, daß in dem Ausdruck $I . \omega$ letztere mit r, dem Abstand von der Rotationsachse, multipliziert auftritt.

Dieses „Moment der Bewegungsgröße" $I . \omega$, welches wir mit Föppl kürzer als „Drall" bezeichnen wollen, kann nun genau so dargestellt werden, wie man Momente sonst in der Mechanik darzustellen pflegt (Poinsot). d. h. wir tragen auf der Rotationsachse die Größe $I . \omega$ ab, und dabei hat es die Convention, daß, wenn ein Beobachter in der Richtung der Rotationsachse blickt und die Rotation im Uhrzeigersinne erfolgt, der Drall oder $I . \omega$ in der Gesichtsrichtung des Beobachters aufgetragen wird, während im umgekehrten Falle das Gegenteil der Fall ist.

Um einen Schritt weiter zu kommen, müssen wir an einen anderen Satz der Mechanik erinnern, nämlich den, der besagt, daß Kraft gleich Masse mal Beschleunigung ist; oder wenn wir die Kraft mit P und die Beschleunigung mit a bezeichnen, daß

$$P = m . a.$$

Die Beschleunigung a kann aber dargestellt werden als erste Ableitung der Geschwindigkeit v oder der zweiten Ableitung des Weges s, oder

$$a = \frac{d \cdot v}{dt} = \frac{d^2 s}{dt^2}$$

Wir können daher für $P = m . a$ auch schreiben

$$P = m \frac{dv}{dt} = m \frac{d^2 s}{dt^2}$$

Nach unseren Analogien würde der entsprechende Ausdruck für die Drehbewegung sein:

$$M = I\frac{d\omega}{dt} = I\frac{d^2\varphi}{dt^2}$$

In $m\frac{dv}{dt}$ und $I\frac{d\omega}{dt}$ erkennen wir aber die Aenderung von $M.v$ bzw. $I.\omega$ der „Bewegungsgröße" bzw. des Momentes derselben oder des Dralls bezogen auf die Zeit t.

Wir sehen also, daß ebenso, wie die geradlinige Bewegung die Kraft P durch die zeitliche Aenderung der Bewegungsgröße oder durch $m\frac{dv}{dt}$ oder $m\frac{d^2s}{dt^2}$ dargestellt wird, bei der Drehbewegung das Drehmoment M durch die zeitliche Aenderung des „Dralls" oder durch $I\frac{d\omega}{dt}$ oder $I\frac{d^2\varphi}{dt^2}$ dargestellt wird.

Wir haben übrigens schon an anderer Stelle gesehen, daß der Ausdruck $I\frac{d^2\varphi}{dt^2}$ ein Moment darstellt (vergl. Fußnote 11, Seite 15).

Das bei einer Drehbewegung auftretende Moment M wird also durch den Ausdruck $I\frac{d^2\varphi}{dt^2} = I\frac{d\omega}{dt}$ dargestellt, d. h. nach unserer im Vorhergehenden besprochenen Darstellungsweise für den „Drall" $I.\omega$ wird M durch diejenige Strecke auf der Rotationsachse dargestellt, um die der Endpunkt der Strecke $I.\omega$ sich in einer Sekunde verschoben hat. Die Strecke $I.\omega$ nennt man den Drall-Vektor, da sie Richtung und Größe hat: erstere ist unserer Darstellungsweise nach durch die Lage der Rotationsachse im Raume bedingt.

Wir fassen jetzt das oben Gesagte dahin zusammen, daß das bei einer Drehbewegung eines Körpers auf diesen beschleunigend wirkende Moment $M = I\frac{d\omega}{dt} = I\frac{d^2\varphi}{dt^2}$ dargestellt werden kann als die „zeitliche" Aenderung des auf der Rotationsachse dem Drehsinn entsprechend abgetragenen Drall-Vektors $I.\omega$; oder, was dasselbe ist, dargestellt wird durch diejenige Strecke, um die sich der Endpunkt dieses Vektors in einer Sekunde verschiebt.

Nun zur Anwendung dieses Resultates auf unseren Fall. Der Schreibhebel habe eine Winkelgeschwindigkeit $\omega = \frac{d\varphi}{dt}$ der Umfangsgeschwindigkeit der Welle entsprechend, und ein Trägheitsmoment I auf die Achse der Welle bezogen.

Der Schreibhebel hat also, auf die Wellenachse bezogen, einen Drall gleich $I.\omega$. Diesen denken wir uns in der richtigen Richtung auf der Drehungsachse abgetragen. Für uns kommt dann der Wert $I.\frac{d\omega}{dt}$ in Betracht.

Führt der Schreibhebel während seiner Rotation eine Drehbewegung in seiner eigenen Ebene aus, so wird dieser Bewegung auch ein bestimmter „Drall" $K.\omega'$ entsprechen, wo K das Trägheitsmoment des Schreibhebels um diejenige Achse bedeutet, um die er sich im letzten Falle dreht und $\omega' = \frac{d\psi}{dt}$ die entsprechende Winkelgeschwindigkeit darstellt. Uns interessiert dann wieder der Wert von $K\frac{d\omega'}{dt}$, der auch wieder auf der korrespondierenden Rotationsachse zu finden ist.

Es wirken also die beiden Drehmomente $I\frac{d^2\varphi}{dt^2}$ und $K\frac{d^2\psi}{dt^2}$ auf unseren Schreibhebel, die wir als zwei Strecken auf die entsprechenden Drehungsachsen abgetragen uns vorzustellen haben. Die Winkelbeschleunigungen $\frac{d^2\varphi}{dt^2}$ und $\frac{d^2\psi}{dt^2}$ werden, ihnen den Namen des Entdeckers beilegend, auch als Coriolis-Beschleunigungen bezeichnet.

Das resultierende Moment findet sich dann, indem wir, nach Poinsot, diese beiden Strecken zu einer Resultierenden nach dem Kräfteparallelegramm zusammensetzen oder „vektoriell" addieren. Und genau so, wie die Bewegung eines Körpers in der Richtung der Resultierenden aller derjenigen Kräfte erfolgt, die auf ihn einwirken, ebenso will in diesem Falle der Schreibhebel um die Achse des resultierenden Moments rotieren, d. h. seine Hauptebene wil sich so einstellen, daß sie rechtwinklig steht zu der Diagonale eines Parallelogramms, dessen Seiten den Werten $I\frac{d^2\varphi}{dt^2}$ und $K\frac{d^2\psi}{dt^2}$ entsprechen, sowie die Richtung der entsprechenden Rotationsachsen haben.

Wir kommen nach dieser Betrachtung zu dem Schlusse, daß sich der Schreibhebel verdrehen muß, wenn er während seiner Rotation mit der Welle noch seitliche Bewegungen ausführt, eine Behauptung, die wir im Vorhergehenden schon, auf andere Tatsachen gestützt, aufstellen konnten. Voraussetzung ist natürlich, daß die Bewegungen genügend schnell erfolgen, so daß die entsprechenden Momente auch genügend groß sind, um eine Verdrehung des Schreibhebels herbeizuführen.

Uebrigens sei noch erwähnt, daß sich alle Kreisel- oder Gyroskop-Wirkungen in der obigen einfachen Weise verfolgen lassen, es können also die seitlichen Abweichungen der Geschosse, das Geraderichten von Fahrrädern und Automobilen, die Steuerwirkung durch den Obry-Gyrostaten bei Torpedos, die Stampfwirkung beim Steuern von Gleitfliegern usw. genau wie oben erklärt werden.

Einfache Erklärungen in mehr dem Ingenieur zusagender Weise finden sich in:

Perry, Der Drehkreisel (Spinning Tops) 1890,

Lanchester, Some Problems Peculiar to the Design of the Automobile.
Vorgetragen Incorporated Inst. of Automobile Engineers, March 11, 1908.
Ref. Engineering, March 20, 1908 P. 384 f.

Barton, Elementary theory of the Gyroscope,
Engineering June 24, 1910 P. 797.

Interessant ist auch die Korrespondenz zu diesem Artikel:
Engineering July 8, 1910, P. 61.

Vergl. auch Engineering vol. IXXXIII P. 749, June 7, 1907 und Sept. 13, 1907, P. 365.

Eingehende Behandlung erfahren die Kreiselprobleme natürlich in den entsprechenden Büchern von
Routh, Klein und Sommerfeld, Föppl und anderen.

Ueber praktische Anwendung des Kreisels, beispielweise des Schlickschen Schiffskreises oder des Brennan-Einschienenwagens, gibt:
Engineering: Vol. IXXXIII P. 42, 448, 1907,
bzw. Vol. IXXXIII P. 623, 794, 1907
und Vol. IXXXVIII P. 659, Nov. 12, 1909 Auskunft.
(Siehe a. a. O. a. Lit.).

Wir wollen hier noch kurz einiges nachtragen über die natürliche Schwingungszahl eines Schreibhebelmechanismusses. Eine Untersuchung wie die hier folgende ist insofern von Interesse als die Praxis gezeigt hat, daß, wenn irgendeine Registriervorrichtung irgendeinen Vorgang dem wirklichen genau ähnlichen aufzeichnen soll, die Eigenschwingungen des Registrierapparates wenigstens 20mal schneller verlaufen müssen, als diejenigen Schwingungen oder Vorgänge, welche aufgezeichnet werden sollen; d. i. bei mechanischen Apparaten; bei elektrischen, z. B. Oscillographen, muß die Eigenschwingungszahl 50mal größer sein als die aufzunehmende Schwingung. Erfüllen die Apparate diese Bedingungen nicht so werden die entsprechenden Vorgänge bis zur Unkenntlichkeit verzerrt verzeichnet.

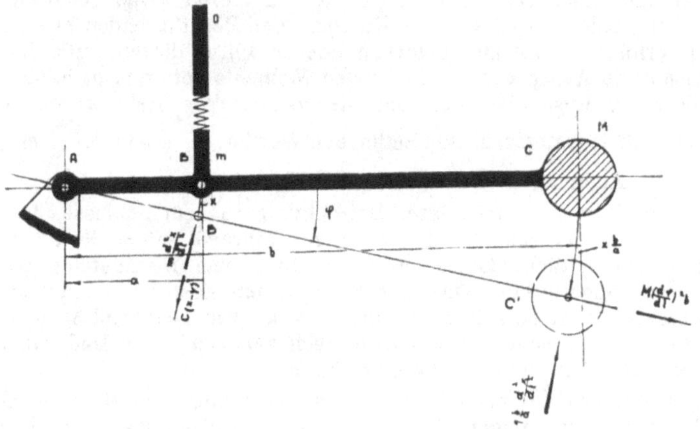

Fig. 8b.

Nehmen wir an, wir hätten es mit einem Hebel A, B, C zu tun, wie er in nebenstehender Figur gezeichnet ist.

In B greife eine elastischer Hebel B, D an; dieser soll dem in A drehbar gelagerten Hebel A, B, C seine Bewegung mitteilen.

Im Punkt C denke man sich die Masse M des Hebels A, B, C konzentriert und in B einen der Bewegung des Hebels D B entsprechenden Teil m seiner Masse konzentriert. Wird der Hebel A, B, C um den Winkel φ gedreht, so bewegt sich der Punkt B nach B' um den Bogen x, und C nach C' um den Bogen $x \frac{b}{a}$, wo $a = AB$ und $b = AC$ ist.

In B' wirkt dann eine Trägheitskraft vom Betrage $m \frac{d^2x}{dt^2}$, und in C' eine solche vom Werte $M \frac{b\, d^2x}{a\, dt^2}$, und zwar wirken diese entgegengesetzt dem Sinne der Drehung φ, wie durch die Pfeile in der Figur angedeutet ist.

Zudem wirkt in B' noch eine elastische Kraft $C\,(X—y)$ im Sinne der Drehung φ; hier bedeutet y im allgemeinen den Weg, den der Endpunkt des Hebels B, D zurücklegt, um den Hebel A, B, C um den Winkel φ zu drehen; letzteren wollen wir hier als klein voraussetzen.

Meistens ist y als periodische Funktion der Zeit $f(t)$ gegeben und stellt die aufzunehmende Wirkung dar und kann in eine Fourier-Reihe entwickelt werden.

C ist eine Konstante, die angibt, wieviel kg nötig sind, um den Hebel B, D um 1 cm in achsialer Richtung zu deformieren. Sie berechnet sich aus $\lambda = \frac{\sigma}{E} l = \frac{Pl}{FE}$, worin bedeuten:

λ = Verlängerung oder Verkürzung des Hebels B, D,
l = Ursprüngliche Länge des Hebels B, D,
F = Querschnitt des Hebels B, D,
E = Elastizitätsmodul des Hebels B, D,
P = Kraft, welche auf den Hebel B, D wirkt.

Setzt man $\lambda = 1$ cm, so wird $P = \frac{F \cdot E}{l} = C$.

(Obige Gleichung für λ ergibt sich einfach aus Folgendem: E gibt bekanntlich in kg an, wie groß die Belastung sein muß, um einen Stab von der Länge l und dem Querschnitt F = 1 qcm um $\lambda = l$ zu verlängern oder zu verkürzen. $\sigma = \frac{P}{F}$ bedeutet eine Kraft in kg, die denselben Stab um λ verlängern oder verkürzen würde.

Es verhalten sich dann: $\frac{P}{F} : E = \lambda : l$

oder $$\frac{P}{F \cdot E} = \frac{\lambda}{l} = \varepsilon$$

ε nennt man bekanntlich die Dehnung des Stabes.)

Nehmen wir um den festen Drehpunkt A Momente, so erhalten wir:

$$ma \frac{d^2x}{dt^2} + M \frac{b^2}{a} \frac{d^2x}{dt^2} + C(x-y)a = 0$$

$$\frac{d^2x}{dt^2} \text{ ist aber } = a \frac{d^2\varphi}{dt^2} \text{ und } x = a\varphi$$

Obige Gleichung schreibt sich mit Einführung dieser Werte:

$$ma^2 \frac{d^2\varphi}{dt^2} + Mb^2 \frac{d^2\varphi}{dt^2} + C(a\varphi - y)a = 0.$$

In dieser letzten Gleichung bedeuten aber $m a^2$ und $M b^2$ die Trägheitsmomente der Massen m und M bezogen auf den Punkt A; bezeichnen wir diese mit i bezw. I, so geht unsere Gleichung über in

$$(i + I) \frac{d^2\varphi}{dt^2} + C(a\varphi - y)a = 0$$

oder wenn wir $(i + I)$ durch K ersetzen:

$$K \frac{d^2\varphi}{dt^2} + C(a \cdot \varphi - y)a = 0$$

oder $$\frac{d^2\varphi}{dt^2} + \frac{Ca^2}{K} \varphi = \frac{Ca}{K} y = \frac{c}{K} f(t)$$

Dieses ist die Gleichung für eine erzwungene Schwingung ohne Dämpfung; wäre auch die Dämpfung zu berücksichtigen, d. h. irgend ein Widerstand, der sich der Bewegung des Hebels A, B, C entgegensetzt, so würde in obiger Gleichung links noch ein Glied von der Form $b \frac{d\varphi}{dt}$ einzuführen sein.

Haben wir es mit einer natürlichen Schwingung zu tun, also $y = f(t) = 0$, d. h. wir denken uns den Hebel B, D fest und soweit elastisch deformiert, daß der Hebel A, B, C die Lage A', B', C' einnimmt, worauf wir letzteren zurückschnellen lassen, also die Bewegung sich selbst überlassen, dann geht auch obige Gleichung über in die einfachere Form:

$$\frac{d^2\varphi}{dt^2} + \frac{Ca^2}{K}\varphi = 0,$$

woraus die Eigenperiode T (vergl. Fußnote 10, Seite 8) folgt zu

$$T = \frac{2\pi}{\sqrt{\frac{Ca^2}{K}}} = 2\pi\sqrt{\frac{K}{Ca^2}}$$

Schreiben wir für K, $M_R\, b^2$, wo $M_R = M + m\frac{a^2}{b^2}$, d. h. gleich $M + m$ auf C reduziert sein soll, so haben wir:

$$T = 2\pi\sqrt{\frac{M_R\frac{b^2}{a^2}}{C}}$$

oder die Frequenz der Eigenschwingungen

$$\frac{1}{T} = f = \frac{1}{2\pi}\sqrt{\frac{C}{M_R\frac{b^2}{a^2}}}.$$

Setzen wir für C seinen früheren Wert $\frac{FE}{l}$ ein, so ist

$$f = \frac{1}{2\pi}\sqrt{\frac{EF}{M_R\frac{b^2}{a^2}\,l}}$$

(Ein Ausdruck, auf den wir bei Anwendung des in Fußnote 10, Seite 8 Gesagten sofort gekommen wären.)

Wir sehen aus diesem Ausdruck, daß die natürliche Frequenz f unseres Hebelmechanismus neben den Eigenschaften der Verbindung mit der Störungsquelle abhängig ist vom dem Werte des Ausdruckes $M_R\frac{b^2}{a^2}$.

Betrachten wir diesen Ausdruck einmal genauer; M_R ist die auf den Punkt C reduzierte gesamte Masse; $\frac{b}{a}$ das Übersetzungsverhältnis, d. h. um wie viel sich der Punkt C bewegt, wenn sich der Punkt B um eine Strecke $x = 1$ bewegt; wir wollen diesen Wert mit S bezeichnen.

Denken wir uns nun einen gewöhnlichen massiven Hebel, so ist klar, daß wir uns denselben aus lauter kleinen reduzierten Elementarmassen $m\,r$ zusammengesetzt denken können, von denen jede ein besonderes $s = \frac{b}{a}$ hat.

Für einen solchen Hebel wäre die natürliche Frequenz offenbar ausgedrückt durch

$$f = \frac{1}{2\pi}\sqrt{\frac{EF}{l\sum_{l=o}^{l=n} mr_l\, s^2_l}}$$

worin der Ausdruck

$$\sum_{l=o}^{l=n} mr_l\, s^2_l$$

die Summation aller Massen mr_l multipliziert mit dem Quadrat der Be-

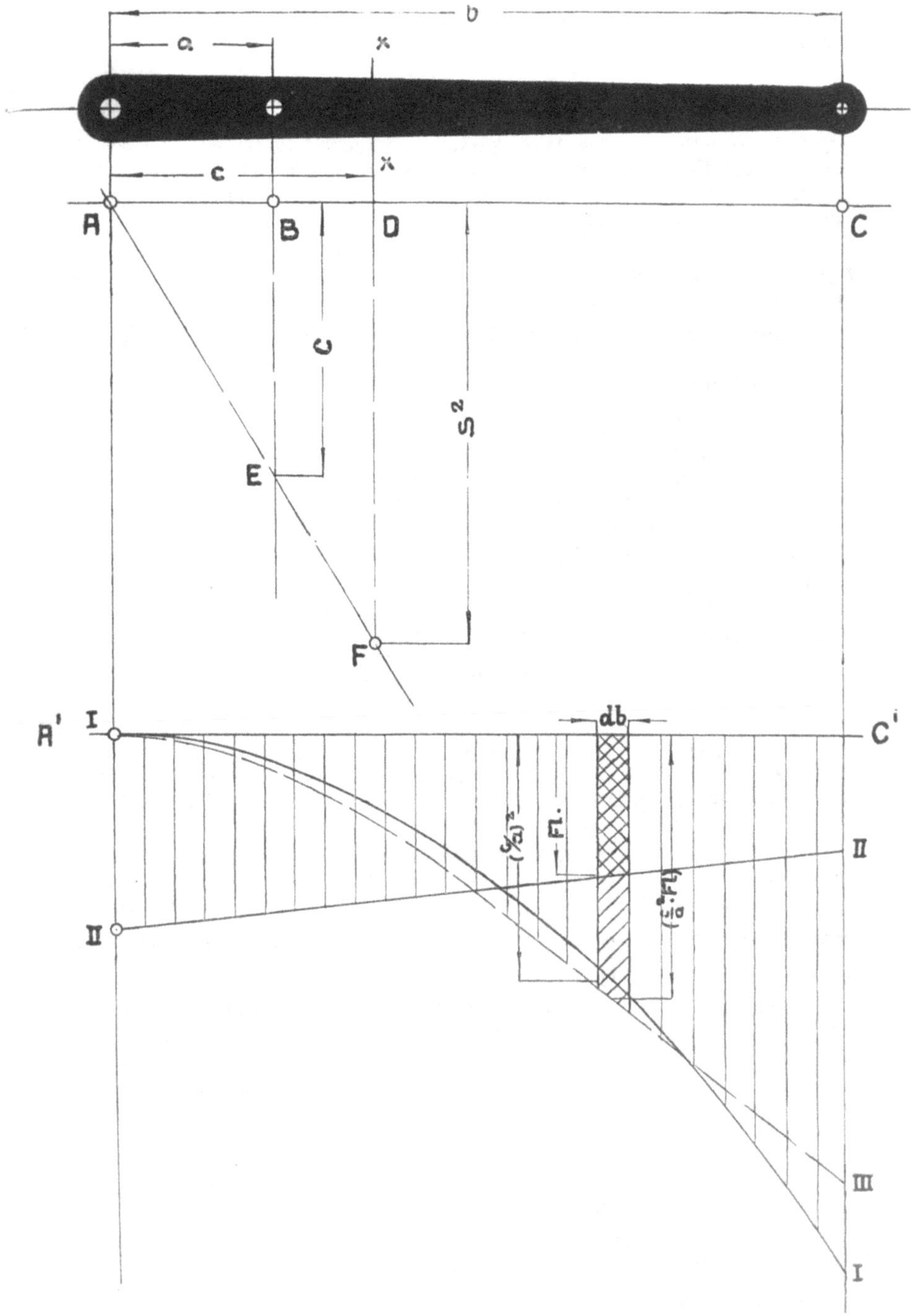

Fig. 8c.

wegung, welche sie ausführen würden, wenn sich der Punkt B um die Strecke 1 bewegt. Also

$$\sum_{i=o}^{i=n} m\, r_i s_i^2 = m_1 r_1 s_1^2 + m\, r_2 s_2^2 + \ldots\ldots\ldots m\, r_n s_n^2$$

Da es nötig ist, den Wert dieses Ausdruckes zu finden, sobald man die natürliche Frequenz eines Hebelmechanismusses, wie er in Fig. 8 b gezeigt, feststellen will, so sei hier noch gezeigt, wie man die oben angedeutete Summation graphisch ausführen kann.

Nehmen wir ein Element des in der nebenstehenden Fig. 8 c dargestellten Hebels und bezeichnen die Linie durch seinen Schwerpunkt mit x—x, so möge dort die Masse $m\,r$ des Elementes konzentriert gedacht sein. Die Bewegung des Schwerpunktes wird für eine Bewegung 1 von $B = \frac{AD}{AB} = \frac{c}{a}$ also s^2 für diesen Punkt gleich $\left(\frac{c}{a}\right)^2$ sein.

Dieses s^2 kann leicht graphisch gefunden werden.

Nimmt man $AB = a$ als Einheit und trägt im Punkte B rechtwinklig zu AC nach unten die Strecke $BE = AD = c$ ab und verbindet A mit E durch eine Linie, die man über E hinaus verlängert, so erhält man, wenn man im Punkte D eine Senkrechte DF errichtet, die die über E hinaus verlängerte Gerade AE in F schneidet, in der Strecke DF die gesuchte Größe $s^2 = \left(\frac{c}{a}\right)^2$.

(Dieses folgt aus: $\triangle ABC \sim \triangle ADF$; daher $\frac{BE}{AB} = \frac{DF}{AD}$ oder

$$DF = \frac{BE \cdot AD}{AB} = \frac{c \cdot c}{a} = \frac{c^2}{1} = s^2).$$

Konstruiert man diese Werte einzeln für den ganzen Hebel und trägt dieselben in irgend einem Maßstabe unter dem entsprechenden Querschnitt des Hebels auf, so erhält man eine Kurve der $(c/a)^2 = s_i^2$ für den Hebel. Diese ist in der Fig. 8 c mit I—I bezeichnet.

Die Masse $m\,r_i$ eines Elementes des Hebels wird abhängen von der Höhe und Breite des Hebelquerschnittes und der Länge $d\,b$ des Elementes an der entsprechenden Stelle, also von dem Querschnitte q desselben und dem Werte von $\frac{\gamma}{g}$, wo γ das spezifische Gewicht des Hebelmaterials und g die Erdbeschleunigung darstellt.

Nehmen wir der Einfachheit halber an, der Hebel habe eine konstante Breite, dann erhalten wir eine Kurve, die die Massen darstellt, indem wir für jeden Punkt des Hebels seine Höhe multiplizieren mit einer Konstanten, $=$ Breite mal $\frac{\gamma}{g}$, auftragen. Diese Kurve sei mit II—II in der Fig. 8 c bezeichnet.

Multipliziert man die zugehörigen Ordinaten der Kurven I—I und II—II mit einander, so erhält man eine neue Kurve III, deren Ordinaten proportional sind dem Werte $m\,r_i\,s_i^2$.

Die Fläche unter der Kurve II—II stellt dann die Gesamtmasse des Hebels in einem bestimmte Maßstabe dar; denn die Fläche eines Elementes ist: $\frac{\gamma}{g} . q . db$ also die Summe $\frac{\gamma}{g}\,\Sigma\, q\; db$ ist gleich der Fläche unter der Kurve II—II

Beim Eintreten des einen Falles würde natürlich kein Diagramm auf der Trommel mehr verzeichnet werden; im letzten Falle würde das erhaltene Diagramm fehlerhaft sein.

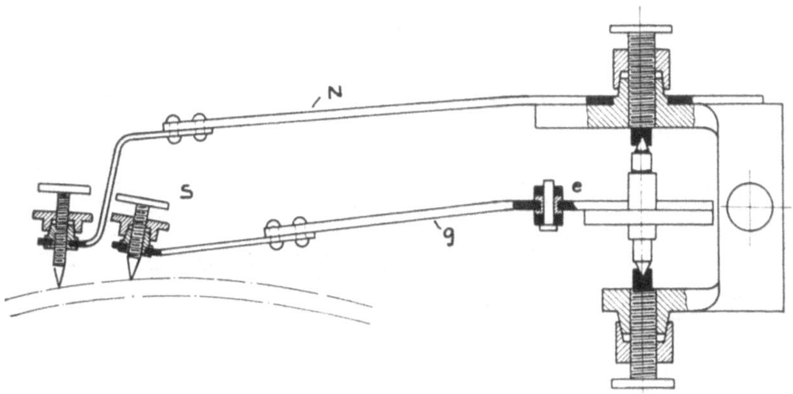

Fig. 7.

Fig. 7 zeigt die Schreibstiftanordnung bei den gewöhnlichen Apparaten von Föttinger.

In der Figur 7 ist N ein über g stehender verstellbarer Hebel, der die Nullstellung des letzteren auf den Diagrammen bezeichnen soll. Er beschreibt also eine Nullinie, von der aus die Abweichungen des Hebels g gemessen werden; genau so, wie beim Dampfmaschinen-

---

Die Fläche unter der Produktenkurve I—III dagegen ist

$$\frac{\gamma}{g}\Sigma\left(\frac{c}{a}\right)^2 q\, db = \frac{\gamma}{g}\Sigma s^2 q\, db$$

oder gleich

$$\sum_{i=o}^{i=n} m_i s_i^2$$

Dividiert man dann die Flächen unter den Kurven II—II und I—III miteinander, so erhält man

$$\frac{\frac{\gamma}{g}\Sigma s^2 q\, db}{\frac{\gamma}{g}\Sigma q\, db} = \frac{\Sigma s^2 q\, db}{\Sigma q\, db}$$

oder einen Wert $\left(\frac{\sigma}{a}\right)^2$, worin σ den Abstand der reduzierten Gesamtmasse des Hebels vom festen Drehpunkt des Hebels bedeutet.

Aus dem Vorhergehenden geht hervor, daß man diesen Punkt rein graphisch finden kann; er ist also von der Größe $\frac{\gamma}{g}$ unabhängig, solange der Hebel von gleichmäßiger Beschaffenheit ist.

Es sei hier noch bemerkt, daß man die Flächen unter den Kurven II—II und I—III am einfachsten findet, indem man ihre Integralkurve zeichnet, d. h. in bekannterWeise mittels eines Seilpolygons graphisch integriert.

indikator eine atmosphärische Linie verzeichnt wird, von der aus alle Drucke gerechnet werden.[19])

Mit *e* ist in Fig. 7 der Angriffspunkt des Hebels *d, e*, Fig. 5, auf *g* bezeichnet.

Um das lästige Abheben des Schreibstiftes, welches, wie schon oben gesagt, bei höheren Umlaufszahlen der Welle eintreten kann, zu vermeiden, hat Föttinger die in Fig. 8 veranschaulichte Anordnung getroffen.

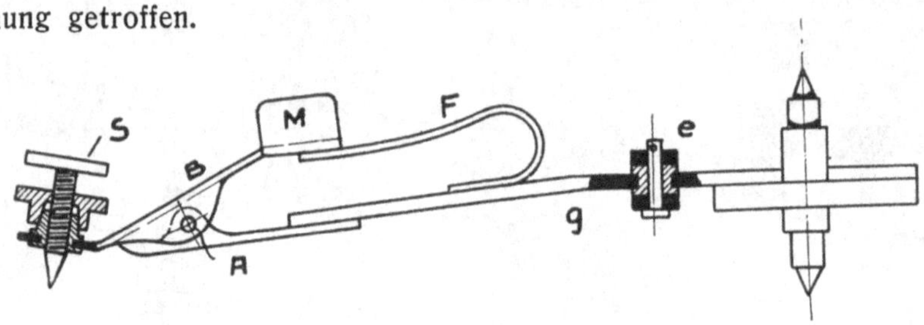

Fig. 8.

Der Schriftstift *S* ist hier nicht mehr direkt mit dem Hebel *g* verbunden, sondern letzterer ist an seinem oberen Ende mit einem Drehpunkt *A* versehen. In diesem Punkte *A* ist eine Wippe *B* gelagert, die an einem Ende den Schreibstift *S*, am anderen ein Gewicht *M* trägt. Das gewichttragende Ende der Wippe ist mit dem Hebel *g* durch eine Feder *F* verbunden.

Die Einrichtung ist so getroffen, daß das Moment der Fliehkraft des Gewichtes *M* um den Punkt *A* größer its als dasjenige des Schreibstiftes *S* um *A*. Die Feder *F* ist so gewählt, daß sie bei höheren

---

[19]) Föttinger hat gefunden, daß bei seinen Apparaten manchmal die Nullinie wellenförmig ausfällt (vergl. Loc. cit. P. 163).

Zu den Ausführungen Föttingers an genannter Stelle sei noch erwähnt, daß selbst mikroskopisch kleine Achsialbewegungen in der Wellenleitung, seien es solche, die durch Verwindung oder durch Achsialschwingungen der Welle oder durch den Propellerschub hervorgebracht werden, solange sie nur periodisch im richtigen Takt erfolgen, den Nullinien-Schreibhebel *N* der Fig. 7, Seite 33, in Schwingungen versetzen können, in welchem Falle der Hebel *N* eine gewellte Nulllnie verzeichnen würde. Da Föttinger angibt, siehe oben, daß die Gesamtamplitude dieser Schwingungen 1—2 mm gewesen sei, so ist es sehr leicht möglich, daß wir es bei dieser Erscheinung mit einer erzwungenen Trägheitsschwingung des Nullinien-Schreibhebels zu tun haben, die durch eine Störungsfunktion von ganz minimaler Amplitude erregt wurde.

Die Einstellung des Schreibhebels für die Verzeichnung der Nullinien geschieht nach Föttinger am besten, indem man die Welle mit abgekoppeltem Propeller mit dem Torsionsindikator bei der entsprechenden Tourenzahl einmal voraus-, das andere Mal zurücklaufen läßt. Die mittlere Stellung

Tourenzahlen eine Drehung der Wippe B um A in solchem Sinne zuläßt, das der Schreibstift S bei zunehmender Umdehungszahl der Welle immer stärker auf das Papier der Schreibtrommel gedrückt wird.

Dieser Druck darf natürlich eine gewisse Grenze nicht überschreiten und wird unter sonst gleichen Verhältnissen von den Abmessungen der Feder F abhängig sein.

Man sieht, daß diese Anordnung des Schreibstiftes, so geschickt wie sie auch sonst ist, dann versagen wird, wenn die von S und M herrührende resultierende Fliehkraft, die in A angreift, so groß wird, daß sie zusammen mit der Fliehkraft des Hebels g selbst diesen mit der Wippe B von der Schreibtrommel abhebt.

Zudem ist noch zu bemerken, daß die Anhäufung von Massen gegen das Ende des Hebels g, Fig. 8, sobald derselbe in seiner eigenen Ebene schnelle Bewegungen ausführen muß, durchaus unvorteilhaft ist, da die hierbei möglicherweise auftretenden Querbeschleunigungen solche Werte annehmen können, daß sie den Zusammenhang der Anordnung, Fig. 8, ernstlich zu gefährden drohen. Wie man leicht sieht, ist bei solchen Bewegungen ,wie sie hier ins Auge gefaßt sind, auch eine Tendenz vorhanden, den Hebel g, Fig. 8, zu tordieren, und somit den Schreibstift S entsprechend zu verschieben. Auch ein Ecken der Wippe B ist nicht ausgeschlossen.

Aus dem Vorhergehenden muß zur Genüge hervorgehen, daß im allgemeinen, sobald die Föttingerschen Apparate bei großen Umfangsgeschwindigkeiten noch einwandsfreie Anzeigen geben sollen, eine weitgehende Ausbalanzierung ihrer einzelnen mit der Welle rotierenden Teile und gegen diese während der Rotation Bewegungen ausführen müssen, vorgenommen werden muß.

Sind neben der hohen Umfangsgeschwindigkeit noch starke Ungleichförmigkeiten und scharf eintretende Wechsel in der Größe der Verdrehung zu erwarten, so wird es im Interesse des Erhaltens guter

---

zwischen den Aufzeichnungen auf der Trommel ist dann die richtige Nullstellung.

Jedenfalls wird man den Gütegrad eines mechanischen Torsionsindikators am besten beurteilen können nach den Aufzeichnungen, die man von ihm erhält, wenn er mit der Welle bei verschiedenen Umdrehungszahlen rotiert, ohne daß diese Kraft überträgt. in welchem Falle der Torsionsindikator bei tadelloser Ausbalanzierung keine Verdrehung anzeigen müßte.

Will man, um die Nullinie festzustellen, den Propeller nicht abkuppeln, so kann man auch das Fahrzeug bei der entsprechenden Tourenzahl auslaufen lassen, wobei der Propeller die Welle antreibt, wie das schon an anderer Stelle angedeutet wurde.

Diagramme unerläßlich sein, die Massen der einzelnen Teile in ihrer Größe soweit wie nur eben möglich herabzudrücken.[20])

Zum Schlusse sei in Fig. 9 ein Torsionsindikator der letztbeschriebenen Art, von Föttinger, im Bilde gezeigt.

Das zweiteilige Meßrohr und die entsprechenden Scheiben sind im Bilde leicht zu erkennen.

Die Schreibtrommelanordnung ist eine konstruktiv andere, als die, die im Vorhergehenden beschrieben wurde[21]). Wie man leicht erkennt, ist rechts oben in Fig. 9 eine solche Trommel gezeigt,

Fig. 9.

[20]) In Fällen dieser Art stößt man bei den Torsionsindikatoren des mechanischen Typus auf ähnliche Schwierigkeiten, wie die, die bei der Indizierung schnellaufender Maschinen auftreten. Es macht sich dann eben in peinlicher Weise bemerkbar, daß die Maschinentechnik nicht über solche massenlose Meßverfahren und subtile Meßmethoden verfügt, wie die Elektrotechnik oder die physikalischen Wissenschaften überhaupt; das kann natürlich vorläufig nur eine Frage der Zeit sein.

[21]) Diese Anordnung der Schreibtrommel wurde im Interesse geringer Diagrammlänge gewählt; wie aus den unten angegebenen Abmessungen hervorgeht, würde in diesem Falle, wenn die Trommel nach Art der Figuren 2, 4, 6 angeordnet worden wäre, die nötige Diagrammlänge nur 2 m betragen!

Das Bild der Fig. 9 rührt von dem Torsionsindikator des Schnelldampfers Kaiser Wilhelm II. her. Die Meßlänge bei diesem Apparat war 1,6 m bei einem Φ der Welle von 0,604 m. Es ist wohl der größte Torsionsindikator, der bis jetzt ausgeführt wurde. Föttinger sagt selbst, er hätte kaum geglaubt, daß ein solcher Stahlblock noch eine meßbare Verdrehung aufweisen würde. Die Welle übertrug 20 000 P.S.e bei 80 Umdr. p. M. (vergl. Loc. cit. P. 143 f. u. 146. Oder Forschungsarbeiten Loc. cit. P. 71).

Der schon in Fig. 4, S. 21 gezeigte Torsionsanzeiger wird auf S. M. S. Lübeck verwandt (vergl. S. 153, oder Forschungsarbeiten Loc. cit. P. 75).

und da dieser Apparat symmetrisch zur Ausführung gelangte, d. h. die Aufzeichnungsvorrichtungen doppelt vorgesehen wurden, so ist unten rechts in Fig. 9 noch eine Schreibtrommel zu erblicken.

Im einzelnen muß hier auf die Arbeiten Föttinger's verwiesen werden.[22])

Der Torsions-Indikator von Denny-Edgecombe.[23])

Der in Fig. 10 im Bilde vorgeführte Apparat von Denny und Edğecombe weicht nur in der Art, in der bei ihm die Verdrehung zur Anzeige gelangt, wesentlich von den im Vorhergehenden beschriebenen Apparaten von Föttinger ab.

In Fig. 10 ist das uns wohlbekannte Meßrohr mit *A* bezeichnet. Die hierzu gehörige Scheibe *I* anderer Anordnungen ist, ähnlich wie bei dem in Fig. 4 gezeigten Torsionsindikator von Föttinger, durch zwei Arme ersetzt, von denen der eine in Fig. 10 mit *C* bezeichnet ist, und die sich diametral gegenüberliegen.

In ganz ähnlicher Weise ist die sonst im Vorhergehenden mit *II* bezeichnete Scheibe durch zwei entsprechende Arme, von denen der eine in Fig. 10 mit *E* bezeichnet ist, ersetzt.

Um die Verdrehung der Welle nach außen hin quantitativ anzuzeigen, wird folgender Weg eingeschlagen.

Jedenfalls ein schlagender Beweis für die Fruchtbarkeit des schon von Hirn vor 50 Jahren gedeuteten und praktisch erprobten Weges der Kraftmessung aus der derselben entsprechenden elastischen Deformation.

[22]) Föttinger hat eine Vorrichtung getroffen, die mechanisch die Anzeigen des Torsionsindikators integriert, d. h. die Verdrehung mit der Umfangsgeschwindigkeit der Welle kombiniert, ähnlich wie das bei den integrierenden oder totalisierenden Dampfindikatoren der Fall ist.

Übrigens sei hier besonders darauf hingewiesen, daß Hirn schon 1867 einen Arbeitszähler nach dem Planimeterprinzip bei seinem Pandynamomètre de Torsion verwandt hat, und zwar ist es nur Recht, wenn hier bemerkt wird, daß die Hirnsche Lösung in vieler Hinsicht dem Föttingerschen Apparat überlegen scheint; ein Grund hierfür ist schon der, daß Hirn seinen Apparat außerhalb der Welle lagert, und zwar so, daß er doch deren Bewegungen mitmacht. (Siehe: Les Pandynamomètres, Théorie et application. Paris 1876, p. 16 f.)

Wie schon an anderer Stelle bemerkt, hat Föttinger auch auf die Möglichkeit hingewiesen, den Arbeitszähler mit elektrischem oder akustischem Signalwerk auszurüsten, so daß beim Durchgang einer bestimmten Arbeitsgröße dieser ein entsprechendes Signal oder Zeichen gibt. (Vergl. Schiffbautechn. Gesellschaft, Loc. cit. P. 156 f. und Föttinger's Patentschrift No. 170 370, Kl. 42 k.)

Wir werden später Gelegenheit haben, kurz auf diese und ähnliche Arbeitsintegraphen oder Totalisatoren zurückzukommen.

[23]) The Engineer : 1908 p. 558, Torsion Meters (Edgecombe). ibid Scme Invastigations with a new form of Torsion-Meter. Nov. 5. p. 471, 09

Der Arm *E* in Fig. 10 trägt einen kleinen Zahnradquadranten *D*. Auf dem Arme *C* ist ein Rad *B* drehbar gelagert, welches durch ein einfaches Zahnradgetriebe mit dem Quadranten *D* in Verbindung steht. Die Anordnung dieses Details ist im einzelnen aus den Fig. 11 und 11 a (S. 54) am besten zu ersehen. Wird die Welle verdreht, so wissen wir von früher her, daß sich die Arme *C* und *E* gegeneinander entsprechend der Größe der Verdrehung der Welle verschieben werden. Diese gegenseitige Bewegung der Arme wird durch den Quadranten *D* und vermittels des oben erwähnten Getriebes dem Rade *B* entsprechend vergrößert mitgeteilt.

Diese Bewegungen des Rades *B* werden einer Aluminiumhülse *G* mittels eines leichten endlosen Stahldrahtes *F*, der um das

Fig. 10.

Rad *B* gelegt ist, wie aus Fig. 10 ersichtlich, mitgeteilt. Die Hülse *G* ist auf dem Meßrohr geführt und an einer Stelle fest mit dem Draht *F* verbunden. Die Spannung des endlosen Drahtes wird durch eine rechts oben neben der Hülse *G* in Fig. 10 ersichtlichen Spannvorrichtung reguliert. Die Hülse *G* ist mit zwei Flanschen versehen, von denen der eine in Fig. 10 mit *H* bezeichnet ist. Diesem Flanschen *H* gegenüber liegt ein anderer Flansch *I*, der einen Teil des Meßrohres *A* bildet.

Aus Obigem ist ersichtlich, daß jeder bestimmten Verdrehung

(Zeitschrift für das ges. Turbinenwesen 1910, S. 28). Revue de Mécanique: Tome XXVI No. 2, 1910, P. 152 f. Englische Patente: Denny-Edgecombe No. 3045/07 und 25 699/08.

der Welle auch ein ganz bestimmter Abstand der Flanschen *H* und *I* entsprechen wird. Die Größe dieses Abstandes wird unter sonst gleichen Umständen natürlich von den Abmessungen des zwischen *D* und *B* eingeschalteten Getriebes und dem Durchmesser des Rades *B* abhängen.

Der Abstand der Flanschen *H* und *I*, dessen Größe nach dem, was wir vorausgeschickt haben, ein Maß für den jeweiligen Wert der Verdrehung der Welle ist, wird auf die folgende Weise zur Anzeige gebracht.

Ein über der Welle in Fig. 10 sichtbarer Indikatorkasten wird im Raume außerhalb der Welle fest gelagert. In diesem Kasten ist der eigentliche Indikatorkörper *K* mit einer einstellbaren Skala *N* und entsprechendem Zeigermechanismus aufgehängt. Der Indikatorkörper *K* trägt eine Scheibe oder Rolle *J*, die mittels einer Feder stets mit dem Flanschen *I* des Meßrohres *A* in rollender Berührung gehalten werden soll. Der in Fig. 10 sichtbare Zeigermechanismus steht dagegen mit einer verschiebbaren Rollle *L* in Verbindung, die mittels des Gewichtes *M* stets in Kontakt mit dem Flansch *H* der Hülse *G* gehalten wird.

Durch diese Anordnung wird erreicht, daß jede beliebige achsiale Bewegung der ganzen Welle an sich nicht den geringsten Einfluß auf die Verdrehungsanzeige ausüben kann, da ja bei einer solchen Bewegung der Welle der Indikatorkörper *K* gezwungen ist, dieselbe Bewegung auszuführen. Es kann also nur eine relative Verschiebung der Flanschen *H* und *I* bezw. der Rollen *L* und *J* zur Anzeige gelangen, und eine solche kann nach dem Vorhergehenden nur durch eine Verdrehung der Welle selbst hervorgebracht werden.

Als besonderes Kennzeichen dieser Anordnung wäre also der Umstand anzusehen, daß, obwohl die Verdrehungsanzeige im Raume außerhalb der Welle erfolgt, dieselbe durch keinerlei achsiale Bewegung der Welle als ganzes gefälscht werden kann. (Vergleiche Fußnote 8).

Zur Einstellung des Aparates ist es nur nötig, die Welle auf irgend einem der schon früher angegebenen Wege ohne Spannung oder Verdrehung in Rotation zu versetzen, und die Skala *N* so einzustellen, daß der Zeiger des Apparates bei diesem Vorgange auf Null steht.

Obige Beschreibung ist im Sinne des Vorhandenseins einer konstanten Verdrehung der Welle gegeben worden. Ist die Verdrehung wechselnder Natur, so wird der Abstand der Flanschen *H* und *I* der Fig. 10 entsprechenden Schwankungen unterlegen sein,

d. h. der Zeiger des Indizierapparates wird auf seiner Skala hin und herspielen.

Dieses Spielen des Zeigers würde die Ablesung der Verdrehung erschweren; auch könnte der mittlere Wert der Verdrehung nicht so ohne weiteres abgelesen werden [24]). Um daher diese Unannehmlichkeiten zu beseitigen, haben Denny und Edgecombe eine Vorrichtung getroffen, die besonders da mit dem oben beschriebenen Apparat zur Anwendung gelangen soll, wo starke Verdrehungsschwankungen zu erwarten sind, z. B. bei Kolbenmaschinen. Dabei soll die erwähnte Vorrichtung zwei Zwecke erfüllen, erstens alle plötzlich auftretenden Stöße oder Wechsel in der Verdrehung soweit abzudämpfen, daß sie den Zusammenhang des Appartes nicht gefährden können, und zweitens soll die Vorrichtung dazu dienen, selbsttätig das Mittel aus den jeweilig vorhandenen Werten der Verdrehung zu bestimmen.

Nachdem wir die Zwecke, die die erwähnte Vorrichtung erfüllen soll, angegeben haben, gehen wir zur Beschreibung derselben über.

Statt wie in Fig. 10 den Zahnradquadranten *D* starr mit dem Arm *E* zu verbinden, wie aus Fig. 11 ersichtlich, trägt letzterer in diesem Falle zwei vorstehende Leisten *J*, die als Träger für die lamellierten Flachfedern *H* dienen sollen. Diese tragen an ihrem oberen Ende den früher in Fig. 10 mit *D* bezeichneten Zahnradquadranten *G*, der dann, wie früher beschrieben, seine Bewegungen relativ zum Arm *D* der Fig. 11 auf die Hülse *G*, Fig. 10, überträgt.

Der einzige Unterschied gegenüber der eingangs beschriebenen Anordnung wäre also hierin zu finden, daß der Zahnradquadrant *G* nicht, wie dort der Quadrant *D*, starr, sondern elastisch mit der Welle verbunden ist.

Die dämpfende Wirkung der Federn *H* erklärt sich dann einfach so, daß bei einer plötzlich eintretenden Änderung in dem momentanen Werte der Verdrehung die entsprechende Bewegung des Armes *E*, Fig. 11, elastisch durch die Federn *H* aufgenommen wird, um dieselbe dann dem früher beschriebenen Indiziermechanismus weniger heftig mitzuteilen. Erfolgen die Verdrehungsänderungen in schneller Folge, so ist leicht zu ersehen, daß die einzelnen hierdurch verursachten elastischen Deformationen sich zu einer Resultierenden oder Mittleren zusammensetzen werden, die dann auf bekannte Weise zur Anzeige gelangt. So erklärt es sich, daß die eben beschriebene

[24]) Hier gilt in analoger Weise das auf S. 111 und in Fußnote 36 S. 133 zu den optischen Verfahren Gesagte. Vergl. auch Fußnote 4 S. 4 zur Beschreibung der Anordnung von Collie.

Vorrichtung dazu dienen kann, selbstätig das Mittel aus den jeweilig auftretenden Verdrehungsschwankungen der Welle zu bilden.

Es sei hier bemerkt, daß der Fall des an einer einfachen Spiralfeder aufgehängten Gewichtes eigentlich dem obigen genau entspricht. Denkt man sich die Blattfedern *H* an Stelle der Spiralfeder und das Gewicht des Zahnquadranten *G* an Stelle des Gewichtes, so ersieht man ohne weiteres, daß bei Schwingungen des entsprechenden Wellenquerschnittes um eine mittlere Lage der Zahnradquadrant *G* diese in einem bestimmten Maßstabe nachahmen wird und speziell bei sehr schnellen Schwingungen vollständig in Ruhe verharren bezw. nur leicht erzittern, und dieses um so mehr, da an dem Quadranten *G* der ganze Indiziermechanismus hängt. Die Pendelung des Wellenquerschnittes um seine mittlere Lage entspricht also hier der Bewegung des Gehäuses in besprochenem Falle.

So weit für die Beschreibung des Torsionsindikators von Denny und Edgecombe, und die Zwecke, die er erfüllen soll.

Fig. 12.

Ehe wir näher auf eine Prüfung des Torsionsindikators eingehen, sollen hier noch zwei Anordnungen desselben kurz beschrieben werden.

In Fig. 12 ist der schon in Fig. 10 gezeigte Apparat mit Registriervorrichtung versehen gezeigt. Wie aus Fig. 12 leicht ersichtlich, wird die Schreibtrommel mittelst eines unten sichtbaren Motors angetrieben.

Die auf dem Indikatorkasten oder Gehäuse stehende Uhr ist mittels des rechts ersichtlichen Spiraldrahtes mit einer Zeitmarkenschreibvorrichtung leitend verbunden.

Fig. 13 zeigt eine konstruktive Abweichung von den bis jetzt beschriebenen Apparaten von Denny & Edgecombe. Die Anordnung an sich bei diesem Apparat ist derjenigen bei dem Hirnschen Apparat sehr nahe verwandt; sie ist auch derjenigen des schon früher beschriebenen Apparates von Collie nicht unähnlich.[25])

Fig. 13.

Wie man aus Fig. 13 leicht ersieht, wird bei dieser Ausführung des Apparates eine Nebenwelle durch zwei zweiteilige Zahnräder angetrieben, die auf der Hauptwelle um die Verdrehungslänge voneinander entfernt angebracht sind.

Die Lagerung der Nebenwelle geschieht in geschickter Weise auf der Welle selbst, so daß alle Bedenken, die eine Lagerung der-

[25]) Vergl. Seiten 2 und 106.

selben im Raume außerhalb der Welle mit sich bringen können, in Wegfall kommen.

Die Lagerung auf der Welle selbst wird auf die folgende einfache Weise bewerkstelligt.

Die oben erwähnten zweiteiligen Zahnräder tragen auf der Verlängerung ihrer Nabe die Lauf- oder Gleitflächen, die die zweiteiligen Arme oder Bügel aufzunehmen haben, auf denen die Nebenwelle gelagert ist (siehe Fig. 13). Hierdurch wird die Nebenwelle gewissermaßen wie ein Pendel auf der Welle aufgehängt und kann daher die Bewegungen der letzteren mitmachen. Um unnötige oder störende Pendelungen der Nebenwelle zu verhüten, ist die oben rechts in Fig. 13 sichtbare Strebe vorgesehen, welche die Nebenwelle in Position hält.

Die Zahnräder der Nebenwelle werden mit denen der Hauptwelle in dauerndem Kontakt gehalten durch Anwendung von Federn, welche auf die verschiebbaren Lager der ersteren wirken und so vorgespannt sind, daß die entsprechenden Räder stets in sicherem Eingriff stehen[26]). Der eigentliche Indiziermechanismus ist auf der Nebenwelle angebracht und gleicht im Prinzip genau dem des in Fig. 10 und Seite 39 gezeigten und im Vorhergehenden beschriebenen Apparat.

Rad *B* und der endlose Draht *F* der Fig. 10 sind in Fig. 13 gut zu erkennen.

Bei der oben gezeigten Anordnung ersetzt die unten rechts im Bilde sichtbare Uhr das Spanngewicht *M* der Fig. 10. Die Schreib-

---

[26]) Ein der englischen Patentschrift No. 3045/07 von Denny & Edgecombe entnommenes Detail dieser Anordnung findet sich Seite 152, Fig. 12 der Revue de Mécanique, Février 10.

Es ist hier zu bemerken, daß bei nichtzentrischer Anordnung der Zahnräder oder Schlagen derselben bei dieser Federanordnung Resonanz auftreten kann, die in bestimmten Fällen einen Bruch der feingefrästen Zähne der Räder verursachen kann.

Übrigens sei hier bemerkt, daß Hirn schon 1867 in jeder Hinsicht sich darüber klar war, wie bei der Anordnung einer Nebenwelle diese anzuordnen sei, damit die zu messenden Werte der Verdrehung nicht durch fehlerhafte Lagerung der letzteren gefälscht würden. Die Anordnung, die er getroffen hat, ist fast identisch mit der 40 Jahre später von Denny und Edgecombe getroffenen.

Vergl. Seite 106 und Seite 20 in Les Pandynamomètres und Fig. 2, P. 1 desselben Buches.

Es sei noch erwähnt, daß Hirn auf einer Seite seiner Anordnung den einen Teil der Nebenwelle durch ein Zwischenrad antreiben muß, damit die einzelnen Teile der Nebenwelle nicht in gleicher, sondern in entgegengesetzter Richtung rotieren, wie das bei dem von ihm zur Verdrehungsanzeige verwandten Differentialgetriebe nötig ist. (Vergl. obige Quelle.)

trommel wird in diesem Falle durch einen Draht, wie aus Fig. 13 ersichtlich, direkt von der Welle selbst angetrieben, so daß ein Kraftwegdiagramm erhalten wird. Zeit- und Umdrehungsmarken werden durch die eben erwähnte Uhr bezw. durch einen auf der Welle angebrachten Kontaktring elektrisch gesteuert (siehe Fig. 13)[27]).

In Fig. 14 ist ein mit diesem Apparat aufgenommenes Diagramm wiedergegeben.

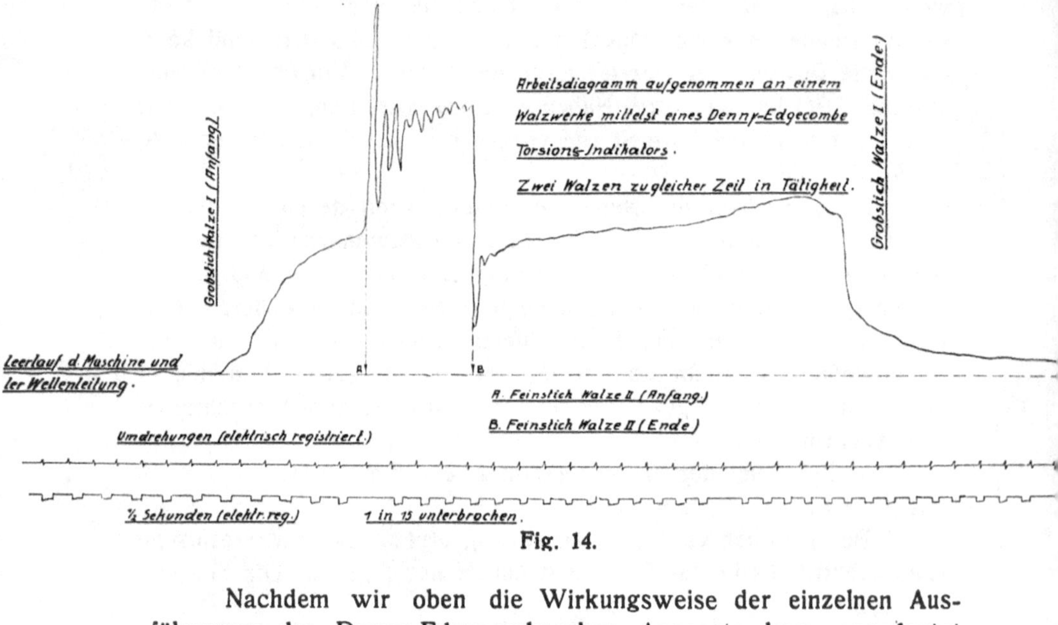

Fig. 14.

Nachdem wir oben die Wirkungsweise der einzelnen Ausführungen der Denny-Edgecombeschen Apparate kurz angedeutet haben, wollen wir hier dazu übergehen, die einzelnen Fehlerquellen, die bei diesen Apparaten auftreten können, des näheren zu erörtern.

Da sind an erster Stelle die Fehler, die durch Schwingungen des Meßrohrs verursacht werden können. Über diese haben wir uns schon an anderen Stellen ausgesprochen und verweisen daher hier auf jene Stellen (vergl. Seite 89 und Seite 8 und Fußnote 10, Seite 8). An dieser Stelle soll nur gesagt werden, daß allem Anschein nach Denny und Edgecombe Ausgleichsgewichte angebracht haben, um eine exzentrische Belastung des Rohres durch die Zentrifugalkraft zu verhüten. Diese Gewichte sind in Fig. 10, Seite 39, und 12, Seite 45, unten links am Arm des Meßrohres leicht zu erkennen.

---

[27]) Vergl. englische Patentschrift No. 3045/07 oder Revue de Mécanique Février 1910, S. 151, Fig. 10 bis 11.

Bei dem Indiziermechanismus der Fig. 13 ist ein solches Gewicht an entsprechender Stelle links oben leicht zu erkennen.

Denny und Edgecombe haben also, wie aus der ganzen Anordnung hervorgeht, eine möglichst große Achsensymmetrie angestrebt, welche den nicht abzuleugnenden Vorteil hat, daß Transversalschwingungen durch die Zentrifugalkraft resp. Ecken oder Aufliegen des Meßrohres oder der Verdrehungshülse soweit wie möglich nicht auftreten können. Doch ist hier nicht zu vergessen, daß nicht allein eine exzentrische Massenverteilung, sondern auch eine durch Masse oder Gewicht erzeugte statische Durchbiegung zu Transversalschwingungen des Rohres Anlaß geben kann. Und diese Möglichkeit wird hier durch Hinzufügen eines eigentlich unnötigen Armes mit einem Ausgleichgewicht erhöht. Auch sieht man, daß durch dieses Vorgehen das polare Trägheitsmoment der reduzierten Massen, I_R nannten wir es im Vorhergehenden (vergl. Fußnote 10, S. 8), größer wird, als bei Anwendung nur eines Armes, d. h. es würde in diesem Falle rund doppelt so groß wie es in dem letzten Falle unter sonst gleichen Umständen sein würde. Aus diesem Grunde würde dann auch wohl anzunehmen sein, daß eine Torsionsschwingung schon bei viel niedrigerer Tourenzahl eintreten kann, da, wie aus der auf Seite 8 angegebenen Formel für die natürliche Schwingungszahl eines Meßrohres, wie es oben Verwendung findet, hervorgeht, diese Schwingungszahl im umgekehrten Verhältnis zur Wurzel aus I_R steht[28]).

---

[28]) Aus dem Obigen geht eigentlich hervor, daß, obwohl eine symmetrische Massenverteilung die Anbringung zweier Arme am Meßrohr verlangt, man je nach Umständen nur einen mit ebenso großem Erfolge anbringen kann. Es ist eben stets eine Frage des besten Anwendungsbereichs des Apparates. Man kann keinen Apparat konstruieren, der direkt allen vorkommenden Verhältnissen genügen kann, wohl kann man ihn so konstruieren, daß er gerade unter bestimmten Verhältnissen sein Bestes leistet.

In der Elektrotechnik findet man diese Tatsache überall bestätigt. Die elektrischen Apparate haben stets ihre besonderen Meßbereiche, und es wird keinem Elektrotechniker einfallen, mit einem gewöhnlichen registrierenden Galvanometer, welches ihm bei bestimmten Untersuchungen hervorragende Dienste leisten mag, zur Aufnahme eines schnell pulsierenden Wechselstromes heranzuziehen; — er hat dafür seinen Oscillographen.

Dagegen muß man sagen, daß die scharfe Abgrenzung der Meßbereiche der Apparate, wie sie in der Elektrotechnik herrscht, auf anderen Gebieten der Technik leider nicht genügend vorhanden ist; so findet man beispielsweise, daß mit dem gewöhnlichen Dampfindikator oft Vorgänge untersucht werden sollen, die so schnell verlaufen, daß an eine einwandsfreie Registrierung der erwähnten Vorgänge mit dem gewöhnlichen Indikator nicht im Entferntesten zu denken ist, und werden aus den so gewonenen widersinnigen Aufzeichnungen oder Verzeichnungen der wirklichen Vorgänge oft die weitgehendsten Schlüsse gezogen.

Wir kommen jetzt auf die Besprechung des Indizier- oder Anzeigemechanismusses.

Bei diesem gilt in erster Linie das schon früher über die Zahnradübertragungen Gesagte (vergl. Seite 47 und Fußnote 26) Man wird also auf die Anfertigung sämtlicher Zahnradgetriebe, die bei den oben beschriebenen Apparaten vorkommen, die größte Sorgfalt legen müssen, um Fehlern, die durch ungleiche Teilung usw. entstehen können, nach Möglichkeit vorzubeugen. Auch ist aus naheliegenden Gründen dafür zu sorgen, daß die entsprechenden Zahnräder stets in festem Angriff stehen.

Von den Zahnradgetrieben kommen wir zu der eigentlichen Anzeigevorrichtung, die z. B. bei dem in Fig. 10 gezeigten Apparat aus dem durch Rad *B* bewegten endlosen Klavierdraht *F* mit seiner Hülse *G* usw. besteht.

Eine kurze Überlegung wird uns zeigen, daß auf die Hülse *G* sehr verschiedene und in ihrer Wirkung nicht zu unterschätzende Kräfte wirken.

Da sind zuerst jene Kräfte, die durch die Bewegung der Hülse bedingt sind, d. h. die direkten Reibungswiderstände und Trägheitskräfte, die auf die Hülse einwirken. Hierbei ist auch das schon früher über die Verwendung einer Hülse bei dem Verdrehungsanzeiger von Föttinger Gesagte (Seite 6) zu berücksichtigen. Zu diesen Kräften kommt noch eine Kraft, die dadurch bedingt ist, daß die Rolle *L*, Fig. 10, stets durch das Gewicht *M* mit dem Flanschen *H* der Hülse *G* in Berührung gehalten wird.

Hieraus geht ohne weiteres hervor, daß, je nach der Ungleichförmigkeit der Wellenumdrehung und je nach dem Verlauf der Verdrehung, ganz verschiedene von den jeweiligen Zuständen abhängige Kräfte auf die Hülse einwirken werden und, da der Hülse ihre Bewegung mittels elastischer Drähte mitgeteilt wird, ist die Möglichkeit des Auftretens von Schwingungen gegeben. Ehe wir dazu übergehen, an der Hand von Diagrammen, die durch diese Apparate von Denny und Edgecombe aufgenommen wurden, und sonstigem Material zu zeigen, daß es sich bei dieser Behauptung nicht um eine reine Vermutung handelt, sondern daß solche Schwingungen tatsächlich auf-

---

Es wäre für manche Leute vielleicht gut, wenn allgemein in der Technik der beste Anwendungs- oder Meßbereich der Apparate mit großen Lettern auf denselben verzeichnet würde; aber solche Leute scheinen oft eine so hohe Auffassung von den im allgemeinen mit den Meßapparaten zu erzielenden Genauigkeiten zu haben, daß sie unfähig erscheinen müssen, solche im geeigneten Augenblick richtig zu gebrauchen.

treten, wollen wir erst noch einiges über die äußere Indiziervorrichtung nachtragen.

Wir hatten früher schon gesehen, daß die Anordnung des Indikatorkastens mit seinen Rollen *J* und *L*, Fig. 10, usw. getroffen wurde, um erstens die Möglichkeit, die Verdrehung von außen an einem ruhenden Indikator abzulesen, zu sichern und zweitens, um die Fehlerquellen, die etwaigen achsialen Bewegungen der Wellen entspringen könnten, zu eliminieren. Und gerade die Art, in der diese Elimination hir erfolgt, kann unter bestimmten Verhältnissen zu ziemlich bedeutenden Fehlern in der Verdrehungsanzeige führen.

Denn erstens wird, wie früher beschrieben, die Rolle *J* und damit der Indikatorkörper *K* gezwungen, die Bewegungen des Flansches *I* des Meßrohres *A*, Fig. 10, mitzumachen.

Schlägt also der Flansch im geringsten — dieses Schlagen braucht nicht von fehlerhafter Montage oder Ausführung herzurühren, sondern kann auch durch Schwingungen oder Durchbiegungen des Rohres *A* hervorgebracht werden — so ist leicht zu ersehen, daß bei einer bestimmten Tourenzahl der Welle, die wieder von der Masse des Indikatorkörpers und seiner Rolle *J* und der Steifheit der Feder, die diese mit dem Flanschen I in Berührung hält, abhängen wird, der Indikatorkörper in so heftige Schwingungen geraten kann, daß der auf ihm gelagerte Zeiger schon durch seine eigene Trägheit Schwingungen ausführt, die von keiner Verdrehung der Welle herrühren, die er doch allein anzeigen sollte. Etwas ähnliches gilt von der Rolle *L* mit ihrer Spannmasse *M*. Es ist leicht verständlich, daß, wenn die Hülse schnell hin und her spielt, das Gewicht *M* entsprechende Bewegungen ausführen muß, und ebenso leicht sieht man, daß, sobald die Hülse *G* mit einer bestimmten Geschwindigkeit hin und her spielt, es für die Rolle *L* unmöglich sein wird, mit ihr in dauernder Berührung zu bleiben, da das Gewicht *M*, welches die Rolle *L* gegen den Flanschen *H* der Hülse *G* zu drücken hat, nicht schneller fallen kann, als es ihm die Erdbeschleunigung gestattet. Es kann somit eintreten, daß die Rolle *L* zeitweise gar nicht mit ihrem Flanschen in Berührung steht, d. h. wenn dieser, oder, was dasselbe ist, die Hülse *G* ihre Schwingungen nur schnell genug ausführt, dieselbe Bewegungen ausführen kann, die die Rolle *L* gar nicht mitmacht und somit nicht zur Anzeige gelangen. Natürlich sind bei den Rollen *J* und *L* Stöße zwischen den letzteren und ihren Flanschen nicht ausgeschlossen, die dadurch entstehen können, daß, wie oben angedeutet, eine Trennung von Rolle und entsprechendem Flansch eintritt.

Wir sehen also, daß die Anordnung der Fig. 10, so geschickt sie auch sonst scheinen mag, in manchen Fällen doch mit Vorsicht anzuwenden sein wird.

Zu tadeln bei der Anordnung ist jedenfalls, daß die Rolle *L* mittels des Gewichtes *M* gegen den Flansch *H* der Hülse *G* gehalten wird, da bei jeder Bewegung der Hülse nach links diese erst die Trägheit und das Gewicht von *M* überwinden muß; bewegt sich dagegen die Hülse nach rechts, so wird die Trägheit des Gewichtes *M* die Tendenz haben, die Hülse *G* weiter zu bewegen, wie beabsichtigt, wozu natürlich die Hülse selbst durch ihre eigene Trägheit beitragen will, so daß sich hier zwei Kräfte addieren würden, eine nicht gewollte Wirkung hervorzubringen. Es ist also leicht ersichtlich, daß, selbst wenn man diese Masse der Hülse noch so gering hält, das Hinzufügen oder die Anwendung des Spanngewichtes *M* alles hierdurch Erreichte zum größten Teil wieder aufhebt.

Aus den oben klar gelegten Verhältnissen muß endlich zur Genüge hervorgehen, daß starke Eigen- oder erzwungene Schwingungen der Hülse *G*, Fig. 10, unter ungünstigen Umständen sehr leicht eintreten können. Dazu ist noch zu bemerken, daß nach unserer auf Seite 8 oder in Fußnote 10, Seite 8 angegebenen Formel die Frequenz *f* der Eigenschwingungen der Hülse, wenn man von der variablen Dämpfung bei derselben absieht, unter sonst gleichen Umständen abhängig sein wird von der Masse der Hülse (hier ist zu bemerken, daß bei der Linksbewegung der Hülse auch die Masse der Rolle *L* mit der Anzeige, sowie die Spannvorrichtung mit Masse *M* in Bewegung gesetzt werden muß) und dem Querschnitt und der Länge des zur Bewegung der Hülse angewandten Drahtes, und zwar wird die Frequenz der Eigenschwingungen unter obigen Bedingungen um so kleiner sein, je größer die Masse der Hülse[29]) und je länger der zur Anwendung gelangende Draht ist und je kleiner der Querschnitt des letzteren ist.

Überlegt man sich nun, daß bei den Denny-Edgecombeschen Apparaten eine ziemliche Drahtlänge zur Anwendung gelangt, und daß der Draht natürlicherweise von sehr geringem Querschnitte ist,[30])

---

[29]) Wie schon früher erwähnt, hat Föttinger bei seinen neueren Apparaten der Type der Fig. 2 S. 5 das Gewicht der Hülse auf ¼ des früheren Gewichtes derselben reduziert. Er scheint hierzu durch von der Hülse verursachte Störungen in der Verdrehungsanzeige gezwungen worden zu sein (vergl. S. 19 und Fußnote 14 S. 20). Bei dem Apparat von Denny und Edgecombe ist die Hülse aus Aluminium ausgeführt, wie später bemerkt ist.

[30]) Werden die Drähte nicht leicht gehalten, so können sie, indem sie durch ihre Zentrifugalkraft nach außen Durchhang bekommen, die Messungen störend beeinflussen.

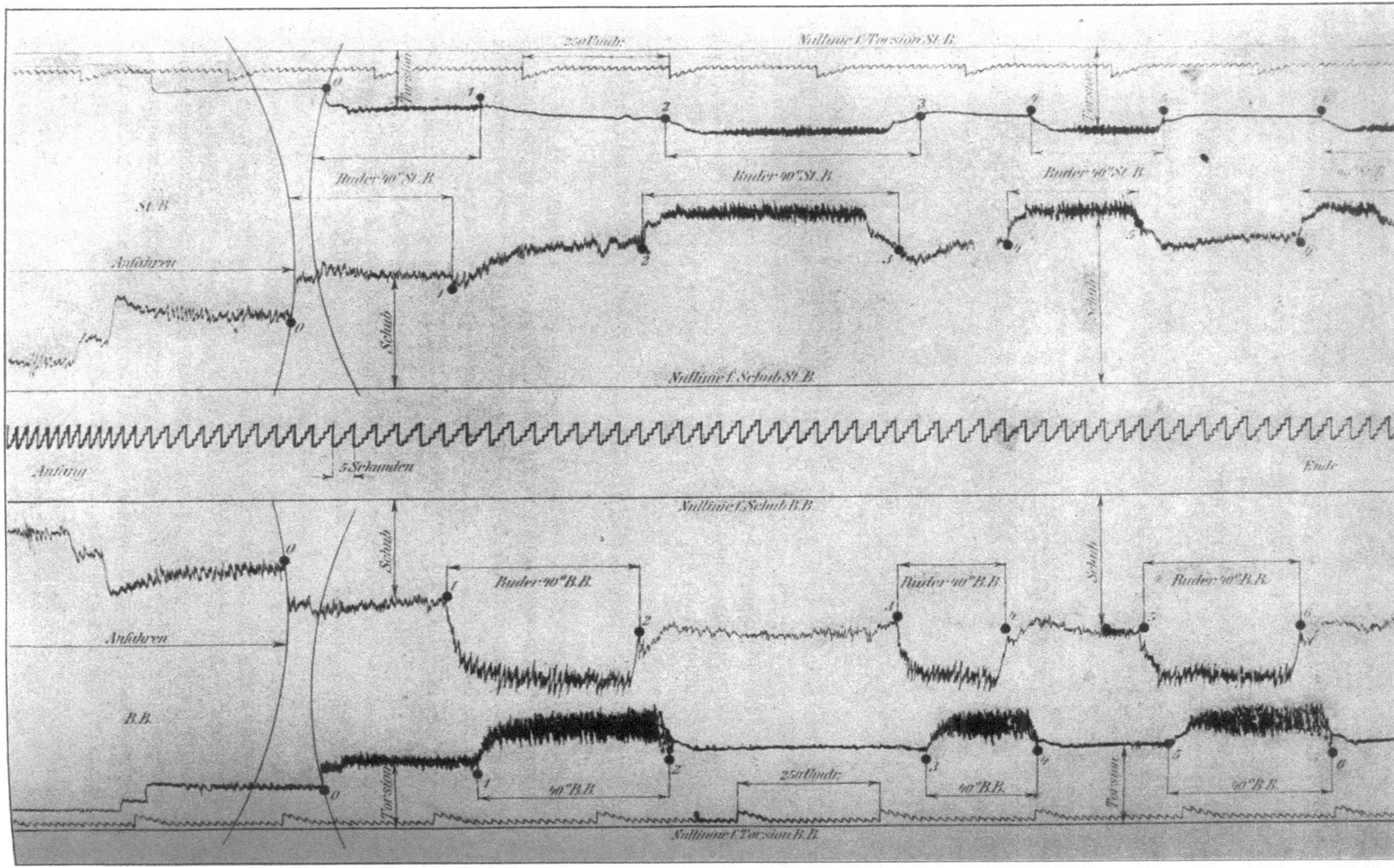

250 Umdr.
Nullinie f. Torsion St. B.
Torsion
Ruder 90° St. B.
St. B.
Anfahren
Schub
Nullinie f. Schub St. B.
Anfang
5 Sekunden
Ende
Nullinie f. Schub B. B.
Ruder 90° B. B.
Anfahren
B. B.
90° B. B.
250 Umdr.
Torsion
Nullinie f. Torsion B. B.

und zudem die Hülse *G*, die, um ihre Masse herabzudrücken, aus Aluminium angefertigt ist, doch noch immer eine nicht geringe Masse haben wird (hier ist auch das über die Masse der Rolle *L* usw. oben Gesagte zu berücksichtigen), so wird man sich sagen müssen, daß die Frequenz der Eigenschwingungen klein sein wird und Eigenschwingungen schon bei verhältnismäßig geringen zeitlichen Schwankungen oder Störungen auftreten können.

Im folgenden sollen die schon oben und bereits früher erwähnten Diagramme kurz diskutiert werden (vergl. Seite 48 und Seite 127 und Fußnoten 34, Seite 127, und 4, Seite 4).

Fig. 15 zeigt ein Diagramm, welches von Föttinger mittels eines seiner Apparate aufgenommen wurde; man sieht, daß bei der Anfahrperiode des Fahrzeuges, auf der das Diagramm aufgenommen wurde, keine besonderen Verdrehungen auftreten, sondern diese erst ihre größten Werte bei den größeren Leistungen der Antriebsmaschine erreichen.

Dasselbe bestätigen auch die Versuche Collie's (vergl. Fußnote 4, Seite 4).

Dagegen zeigt das Diagramm der Fig. 16, welches unter ähnlichen Bedingungen mittels eines Denny-Edgecombe-Indikators aufgenommen wurde, wie das obige, ganz enorme Schwankungen in der Verdrehung beim Anfahren, die bei der regelrechten Fahrt, d. h. wenn das Fahrzeug gut unterwegs ist, in Größe ganz erheblich abnehmen.

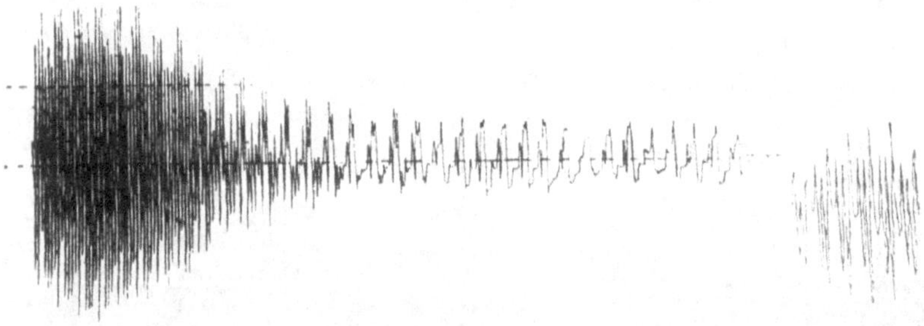

Fig. 16.

Nach diesem Diagramm müßte man also zu der Ansicht gelangen, daß die größten Verdrehungen beim Anfahren und nicht bei der Höchstleistung der Antriebsmaschinen auftreten.

Es liegt hier daher die Vermutung nahe, daß das Diagramm der Fig. 16 nicht den wahren Sachverhalt darstellt, d. h., daß es durch allzuheftige Eigenschwingungen des Torsionsindikators gefälscht wurde.

Nach dem im Vorhergehenden über die Möglichkeit des Auftretens solcher Schwingungen bei dem Apparat von Denny und Edgecombe Gesagten (Seite 51) wäre diese Auffassung durchaus nicht abzuweisen, besonders, da Versuche, die mit Apparaten ausgeführt wurden, die in viel geringerem Grade zu Fälschungen oder Verzeichnungen durch Eigenschwingungen neigen, als der zuletzt erwähnte Apparat, gerade das Gegenteil des erwähnten Resultates bekunden.

Allem Anscheine nach scheint hier also die Sache so zu liegen, daß plötzliche Stöße oder stoßweises Ingangsetzen des Denny-Edgecombeschen Torsionsindikators, wie es beim Anfahren vorkommen kann, in letzterem sehr beträchtliche Eigenschwingungen auslösen.

In Fig. 14 ist noch ein anderes Diagramm gezeigt, welches durch den in Fig. 13 gezeigten Apparat aufgenommen wurde und schon früher erwähnt wurde (Seite 46).

Dasselbe wurde an einem Walzwerke aufgenommen, und man sieht leicht, wie die Arbeit, die verrichtet wird, während eine Walze einen Grobstich ausführt, sich zu derjenigen addiert, die von einer anderen Walze geleitstet wird, während dieselbe einen Feinstich ausführt.

Die Anfangs- und Endpunkte der einzelnen Phasen sind aus dem Diagramm Fig. 14 leicht ersichtlich.

Obwohl dieser Apparat keine Hülse besitzt, zeigen sich in obigem Diagram an zwei Stellen sehr beträchtliche Schwingungen, die dem Verlauf einer natürlichen recht ähnlich sehen. Es fragt sich nur, rühren diese Schwingungen von der Antriebswelle des Walzwerkes her, auf der der Apparat der Fig. 14 montiert ist, oder sind es Eigenschwingungen des Apparates selbst. Die Gesamtabklingung der Schwingungen beträgt nach dem Diagramm rund 1 bis 2 Sekunden; wären also die einzelnen Daten der Wellenleitung und des Apparates bekannt, so ließe sich diese Zeit angenähert berechnen, da dieses aber nicht der Fall ist, so müssen wir uns mit einer Vermutung begnügen.

Bei dem in Fig. 14 gezeigten Apparat sieht man unten eine Uhr, die, wie schon weiter oben erwähnt wurde, das Spanngewicht M der Fig. 10 ersetzen soll (Seite 40).

Es scheint, daß das Anhängen dieser Uhr, die an sich ein nicht unbedeutendes Gewicht haben wird, nebst dem Klavierdraht, der bei diesen Apparaten angewandt wird, für diese Schwingungen verantwortlich zu machen sind, da, wie schon früher gesagt wurde, selbst wenn keine Hülse vorhanden wäre, doch noch die Masse des Spanngewichtes, in diesem Falle die Uhr, in Bewegung gesetzt werden muß. Und selbst wenn die Uhr, wie hier, nur die Hälfte des Weges der entsprechenden Rolle zurückzulegen hat (dieses geht daraus hervor, daß die Uhr mittels einer losen Rolle an einem doppelten Spanndraht hängt), so ist doch der oben vermutete Einfluß der Uhrmasse auf die Eigenschwingungen des Apparates keineswegs ausgeschlossen.

Ein Beweis dafür scheint schon darin zu liegen, daß in den Berichten über die Versuche an dem Walzwerk mittels des Torsionsindikators von Denny-Edgecombe erwähnt wird, daß der leichte Indiziermechanismus während des ganzen Tages tadellos funktioniert habe und nur einmal gerissen sei, welcher Schaden nach kurzer Zeit wieder beseitigt werden konnte. Es scheint nämlich ziemlich sicher, daß, wenn der Indiziermechanismus nicht durch irgend welche Kräfte

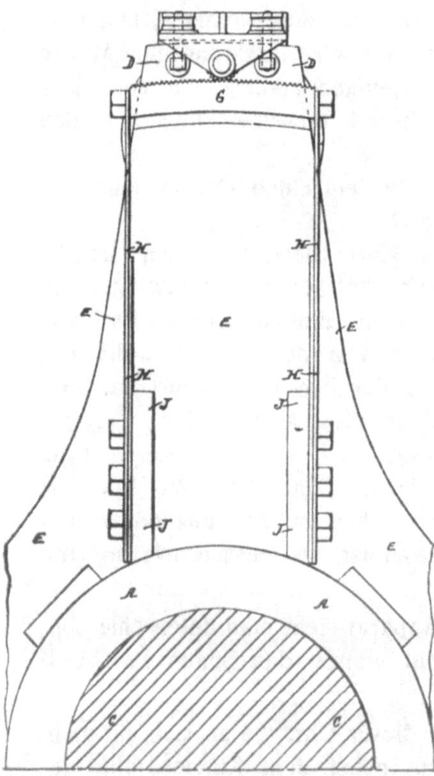

Fig. 11.

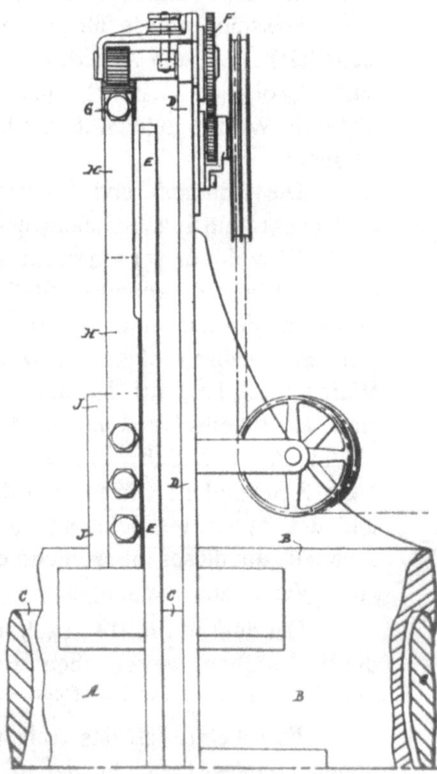

Fig. 11 a.

oder durch diese hervorgebrachte Schwingungen beansprucht gewesen wäre, auch ein Zerreißen derselben in diesem Falle fast ausgeschlossen hätte sein müssen.

Nach diesen Erörterungen haben wir noch kurz auf die Dämpfvorrichtung der Figuren 11, 11 a, die Denny und Edgecombe bei ihren Apparaten anwenden, zurückzukommen.[31])

Wie schon früher gesagt (Seite 42), soll diese Vorrichtung den Zweck erfüllen, etwaige Stöße, die auf den Apparat einwirken können, in ihrer Wirkung abzudämpfen und bei schwankender Verdrehung aus deren jeweiligen Werten das Mittel mechanisch zu ermitteln.

Es ist, nach dem, was über diese Vorrichtung schon vorausgeschickt wurde, leicht zu ersehen, daß dieselbe im allgemeinen ihren Zweck erfüllen wird, d. h. Stöße elastisch aufnehmen und Mittelwerte ermitteln. Nur in bestimmten Fällen, bei denen die Stöße oder Verdrehungsschwankungen im Rythmus der Eigenschwingungen der in Figuren 11, 11 a dargestellten Vorrichtung erfolgen, werden die Schwingungen nicht mehr ganz ausgedämpft werden, und es wird statt der mittleren Verdrehung eine den Umständen entsprechende Schwingung um die mittlere Lage des Zahnradquadranten *G* und der Federn *H*, Figuren 11, 11 a, aufgezeichnet werden.[32])

Sodann muß noch darauf hingewiesen werden, daß bei größeren Schwingungen des Quadranten *G* derselbe bei der in Figuren 11, 11a gezeigten Anordnung nicht in innigen Kontakt mit seinen Zahnrädchen bleiben wird, so daß zwischen dem Zahnradquadranten *G* und dem mit ihm im Eingriff stehenden Getriebe im genannten Falle ein fehlerbringendes Spiel entstehen kann.

Nehmen wir selbst an, daß die beiden zuletzt genannten Möglichkeiten von keinem besonderen Belang sind, so ist doch die Anordnung, wie sie von Denny und Edgecombe getroffen wurde, mit einem schweren prinzipiellen Fehler behaftet. Es liegt auf der Hand, daß, sobald starke Ungleichförmigkeiten in der Wellenrotation auftreten — und solche sind im allgemeinen bei Kolbenmaschinen, bei denen die Vorrichtung vorzugsweise Anwendung finden soll, stets

---

[31]) Es scheint, daß Denny und Edgecombe gezwungen wurden, diese Anordnung zu treffen, weil die Masse der Hülse usw. sich bei schnellem Verdrehungswechsel störend bemerkbar machten.

Übrigens sind auch Mittel vorzusehen, dieselbe ganz auszuschalten, d. h. der Zahnradquadrant *G* wird mit der Welle starr verbunden. Bei sehr großen Ungleichförmigkeiten in der Wellenbewegung wird es nach dem auf S. 55 Gesagten am besten sein, die Vorrichtung ganz auszuschalten, so daß die Anzeigen des Apparates nicht durch Trägheitsschwingungen derselben noch mehr gefälscht werden.

[32]) Vergl das Diagramm Fig. 11, im Engineer Nov. 27, 1908, P. 558.

vorhanden, ganz abgesehen von dem Einfluß schneller Verdrehungsschwankungen — der Zahnradquadrant *G* mit seinen Federn *H* in Schwingungen geraten kann, und somit eine Verdrehung zur Anzeige bringt, die in Wirklichkeit nicht vorhanden ist.

In dieser Möglichkeit der Beeinflussung der Dämpf- und Durchschnittswertermittlungsvorrichtung durch reine Bewegungsvorgänge allein ist unbedingt ein prinzipielles Bedenken gegen die Anwendung der Anordnung, wie sie getroffen ist, zu erblicken.

Etwas anderes wäre es, wenn der Zeiger der Indiziervorrichtung elastisch angetrieben würde, wie wir das schon an anderen Steilen in Vorschlag brachten (vergl. Fußnote 4, Seite 4). In einem solchen Falle würde die Mittelwertbestimmung im ruhenden Raume und nicht, wie bei obiger Vorrichtung, während eines unbedingt störenden Bewegungsvorganges stattfinden.

Jedoch würde bei einer Anordnung der letzteren Art wohl eine Anzeige der mittleren Verdrehung erreicht werden, aber die Stöße im Apparat würden fortbestehen und könnten nur durch eine radikale Änderung in der Gesamtanordnung des ganzen Apparates von Denny und Edgecombe erreicht werden, d. h. der endlose Draht *F* der Fig. 10 müßten keine Kräfte zu übertragen haben oder, was dasselbe ist, die Hülse *G* und das Spanngewicht *M* müßten aus der Anordnung verschwinden, womit natürlich der ursprüngliche Charakter des ganzen Apparates geändert würde.

Jedenfalls kann man sagen, daß der Apparat von Denny und Edgecombe, wie er im Vorhergehenden beschrieben wurde, mit seiner Dämpfvorrichtung ein System vorstellt, welches durch irgend welche Störungen in heftige Schwingungen geraten kann, und somit von demselben in den meisten Fällen, bei denen die Verdrehung nicht konstant ist, gefälschte oder verzeichnete Diagramme zu erwarten sind.

Daß ein solcher Apparat nicht dazu dienen kann, über den wahren Verlauf der Verdrehung bei wissenschaftlichen Untersuchungen Aufschluß zu geben, ist selbstverständlich.

Übrigens sei hier zum Schlusse noch erwähnt, daß bei einem Vergleich zwischen den von Föttinger und Frahm aufgenommenen Verdrehungsdiagrammen an Schiffswellen und denen, die mit Denny-Edgecombe-Apparaten aufgenommen wurden, der Einfluß der Eigenschwingungen des zuletzt genannten Apparates auf seine Anzeigen oder Aufzeichnungen unfehlbar wahrzunehmen ist. So haben die Föttinger und Frahmschen Apparate stets einen reinen sinoidalen Verlauf, während die Denny-Edgecombeschen als eine Übereinanderlagerung von verschiedenen Schwingungen erscheinen, bei denen bestimmte Schwebevorgänge meist gut zu erkennen sind.[33]) Der Grund hierfür ist eben der, daß bei den Föttingerschen Apparaten die Eigenschwingungszahlen naturgemäß im allgemeinen ziemlich hoch liegen, während man bei den Denny-Edgecombeschen dieses ihrer eigenartigen Konstruktion wegen nicht behaupten kann. Bei dem Frahmschen Verfahren kann seiner Natur gemäß von einer Eigenschwingung gar nicht die Rede sein. (Man sehe dieses Seite 12, Der Torsionsindikator I.)

Wir schließen hiermit die Diskussion des Denny-Edgecombeschen Torsionsindikators und wollen im folgenden zeigen, wie ein mechanischer Torsionsindikator geschaffen werden kann, der von totem Gang vollständig frei ist und auch zu Massenschwingungen keinen Anlaß geben wird, Eigenschaften, die wir von einem guten Torsionsindikator verlangen müssen.

Allerdings wird man sich mit der Aufzeichnung des genauen Verlaufs der Verdrehung bei diesem Torsionsindikator zu begnügen haben, da die Anbringung einer Vorrichtung, die immer nur den mittleren Wert der Verdrehung zeigt, stets die Möglichkeit des Auftretens von lästigen Schwingungen mit sich bringt.

Um den mittleren Wert der Verdrehung aus solchen Diagrammen zu erhalten, die den Verlauf der Verdrehung getreu wiedergeben, bedient man sich dann am besten in bekannter Weise des gewöhnlichen Planimeters, oder man benutzt ein solches mit unendlich langem Polararm, wie beispielsweise dasjenige von Siemens & Halske[34]), welches zur direkten Bestimmung der mittleren Höhe von Registrierkurven dient.

Eine andere Anordnung des mechanischen Torsions-Indikators.

Betrachtet man die im Vorhergehenden beschriebenen beiden Methoden der Verdrehungsmessung nach Föttinger und Denny-Edgecombe, so sieht man, daß es im Prinzip bei diesen darauf ankommt, durch geeignete mechanische Mittel die gegenseitige Bewegung zweier Scheiben oder Hebel nach außen hin quantitativ kenntlich zu machen. Dies ist überhaupt die allgemeine Aufgabe aller derjenigen Verfahren,

---

[33]) Man vergleiche z. B. Föttingers oder Frahms Diagramme in Forschungsarbeiten Heft 25 bezw. Heft 6 mit den im Engineer vom 27. Nov. 08 oder 5. Nov. 09 reproduzierten. Vergl. auch das Diagramm von Gibson (Propellerschubmessung, Bd. III).

[34]) Siehe Neuerungen an registrierenden Meßgeräten der Siemens & Halske A.-G., E. T. Z. 1910, Heft 7, Fig. 6.

bei denen die bekannte Meßrohranordnung mit ihren Scheiben oder Hebeln zur Anwendung gelangt.

Bei der Besprechung der optischen Verfahren haben wir gesehen, wie die Übermittlung der gegenseitigen Bewegung der Scheiben an den Außenraum mittels Lichtstrahlen oder, wie man sich auch vorstellen kann, mittels massenloser Hebel erfolgte. Im Vorhergehenden sahen wir bei den Apparaten von Föttinger und Denny-Edgecombe, wie diese Übertragung mechanisch erfolgte, und bei Besprechung der elektrischen Methoden zur Verdrehungsmessung sehen wir, wie dieselbe auf elektrischem Wege erfolgt. Hier wollen wir vorerst ein Konstruktionselement beschreiben, welches es ermöglicht, die geringe gegenseitige Bewegung zweier Scheiben, wie sie oben erwähnt wurden, ohne toten Gang elastisch in eine Drehbewegung umzuwandeln.

Wir verweisen hier auf Fig. 22, Seite 76; dort soll der Körper *A* mit der Scheibe *I*, beispielsweise nach Fig. 2, Seite 6, starr verbunden sein, der Körper *B* dagegen soll um eine Achse *x—x* drehbar auf der Scheibe *II* gelagert sein. Hierbei ist natürlich ganz gleichgültig, ob das Umgekehrte der Fall ist, d. h. *B* auf *I* drehbar gelagert, während *A* mit *II* starr verbunden ist.

Die beiden Körper *A* und *B* sind vermittels zweier Flachfedern oder Metallbänder *a*, *b*, *c* und *d*, *e*, *f* miteinander, wie in der Fig. 22 angedeutet, über kreuz verbunden. Die Enden der Federn oder Bänder sind mit den entsprechenden Körpern unbeweglich verbunden.

Bewegt sich die Scheibe I relativ zur Scheibe *II*, bezw. führt der Körper *A* in Bezug auf die feststehend gedachte Achse *x—x* irgend eine Bewegung aus, so führt der Körper *B* um seine Achse *x—x* eine entsprechende Drehbewegung aus. Bewegt sich hierbei speziell der Körper *A* nach rechts, so will die Feder *c*, *b*, *a* den Körper *B* entgegengesetzt dem Uhrzeigersinne um die Achse *x—x* drehen, indem sie von oben nach unten zieht. Die Feder *d*, *e f* dagegen schiebt von unten nach oben und will daher bei einer Rechtsbewegung von *A* den Körper *B* auch entgegengesetzt dem Uhrzeigersinne drehen. Die Wirkungen der beiden Federn addieren sich also.

Hieraus geht auch hervor, daß, wenn die Anordnung der Federn nicht über Kreuz sondern parallel erfolgt, dass dann die Federn sich entgegenarbeiten, d. h. bei einer Bewegung von *A* würde *B* in Ruhe bleiben. Die Anwendungen dieser letzten Anordnung sind sehr bekannt; so findet man sie beispielsweise als Parallelführung an Nullenzirkeln, Kontaktmachern usw.

Man sieht auch leicht, daß bei dieser in Fig. 22 gezeigten

Anordnung von einem eigentlichen toten Gang nicht die Rede sein kann, da die Übertragung der Bewegungen zwischen den Körpern *A* und *B* vollkommen elastisch erfolgt, und selbst, wenn der Körper *B* in seiner Lagerung Spiel haben sollte, welches natürlich in dem Falle auf einfachste Weise vermieden werden kann, so selbst dieses unschädlich gemacht dadurch, daß die Einspannung der Federn *a*, *b*, *c* und *d*, *e*, *f*, Fig. 22, bei *a*, *c*, *d* und *f* das Vorhandensein zweier Kräfte bedingt, die eine Annäherung der Körper *A* und *B* erstreben möchten, wodurch der Körper *B* stets fest auf seine Lagerung aufgedrückt wird.[35])

Fig. 17 zeigt, wie die Anordnung der Fig. 22 bei der Konstruktion eines Torsionsindikators Verwendung finden kann. Die Fig. 17 soll auch gleichzeitig schematisch die Gesamtanordnung eines möglichst leicht gehenden, von Massenschwingungen also tunlichst freien Torsionsindiktors, zeigen.

In Fig. 17 sei *A* die Welle, an der die Verdrehung testzustellen

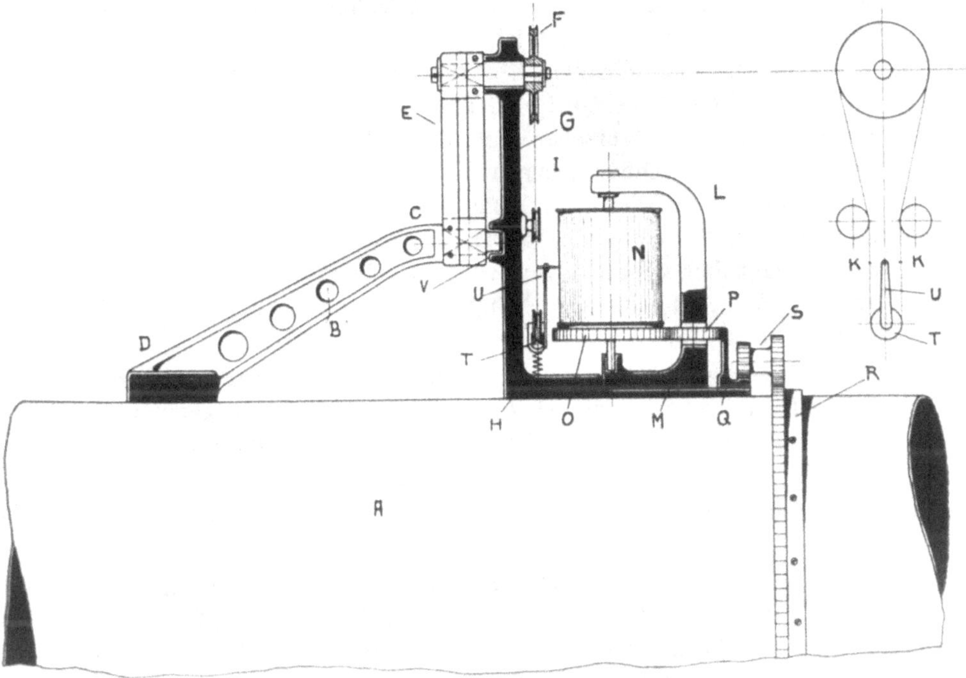

Fig. 17.

[35]) Die Möglichkeit des Auftretens von Spiel in den Gelenkpunkten von Hebeln usw. oder zwischen dem Zahnradquadranten und seinem Zahnrädchen bei dem Apparat von Denny-Edgecombe kommt also hier gänzlich in Wegfall.

ist. Auf derselben sei ein Hebel *B* mittels einer Schelle oder eines an seinem Ende *D* befindlichen Bügels befestigt. Am anderen Ende *C* trage der Hebel *B* den Körper *A* der Fig. 22; der Hebel *B* ersetzt also die Scheibe *I*. Der Körper *B*, Fig. 22, sei durch eine kleine Welle mit einem leichten Scheibenrad *F* verbunden. Die Welle ist auf einem Hebel *G* drehbar gelagert. *G* ist, wie der Hebel *B*, mittels eines Bügels *H* fest mit der Welle verbunden; er ersetzt also nach dem Vorangegangenen die Scheibe *II*. Der Körper *A* auf dem Hebel *B* und der Körper *B* auf dem Hebel *G* sind mittels Federn, wie in Fig. 22 gezeigt, verbunden; die dort gezeigte Anordnung ist in Fig. 17 mit *E* bezeichnet.

Die Scheibe *F* trägt einen endlosen Draht *I*, der mittels einer Spannvorrichtung *T*, die möglichst nahe dem Wellenumfange liegt, in Spannung gehalten wird. Der endlose Draht *I* ist mit Schreibstiften *K* versehen. Diese sind durch Anwendung zweier Leitrollen *a* und *b* möglichst nahe aneinander gebracht; zwischen ihnen findet noch ein Schreibstift Platz, der durch einen Arm *U* mit der Rolle der Spannvorrichtung *T* fest verbunden ist.

Den drei Schreibstiften *K* gegenüber ist eine Schreibtrommel *N* auf einem Hebel *L* gelagert. Dieser ist an seinem unteren Ende *d* mit einem Bügel *M* versehen, der die Welle so umfängt, daß *L* auf derselben leicht drehbar gelagert ist.

Rotiert die Welle, so kann durch eine geeignete Schaltvorrichtung erreicht werden, daß die Trommel *N* den Schreibstiften *K* genau gegenüber gebracht werden kann, einmal nur in Position, das andere Mal mit ihnen beliebig lange in Berührung gehalten werden kann.

Die Trommel *N* kann mittels eines Zahnradgetriebes *O*, *P*, *Q*, *R*, *S* angetrieben werden. *Q*, *R*, *S* stellt ein Differentialgetriebe vor. *S* ist außerhalb der Welle beweglich gelagert, und erhält seinen Antrieb von *R*, welches fest mit der Welle verbunden ist. *Q* ist auf der Welle beweglich gelagert und bewegt sich in bekannter Weise relativ zu dieser während ihrer Rotation.

Wie aus der Anordnung der Schreibstifte hervorgeht, werden auf der Trommel *N* drei Linienzüge verzeichnet, sobald eine Verdrehung der Welle eintritt, nämlich eine von *U* herrührend und zwei andere von den Drähten herrührend.

Bei der Nullstellung wird alles so angeordnet, daß die Schreibstifte bei Fortbewegung der Trommel nur einen Linienzug auf derselben verzeichnen.

Der auf *U* befestigte Schreibstift wird also die Null- oder

Basislinie zu verzeichnen haben. Der Verlauf dieser Linie wird sofort Aufschluß darüber geben, ob sich die Rolle der Spannvorrichtung aus irgend einem Grunde während der Aufzeichnungen verschoben hat oder nicht.

Durch entsprechendes Andrücken der Trommel *N* gegen die Schreibstifte kann die Aufzeichnung beliebige Zeiten unterbrochen oder wieder aufgenommen werden.

Aus der in Fig. 17 gezeigten schematischen Anordnung geht ohne weiteres hervor, daß bei derselben Störungen durch Massenschwingungen so ziemlich ausgeschlossen sind, weil sich die gezeigte Anordnung sehr an den Wellenumfang herandrängen läßt und sehr leicht ausgeführt werden kann.

Der Hebel *B* kann vorsichtshalber noch, wie in Fig. 17 angedeutet, leicht gleitend auf *G* gestützt werden. Am besten wird derselbe nach oben verjüngt als Doppel-T-Querschnitt mit teilweise ausgebohrten Stegen ausgeführt, ähnlich wie die Pleuelstangen der Aeroplanmotoren oder der Rennwagenmotoren.[36])

Es ist natürlich nicht zu vermeiden, daß die Scheibe *F* mit ihrem Körper *B*, Fig. 22, der Vorrichtung *E*, Fig. 17, ein bestimmtes, wenn auch sehr kleines Trägheitsmoment *T* besitzt.[37])

Von der Steifigkeit der zur Verwendung gelangenden Federn

---

[36]) Diese Konstruktion gestaltet sich noch wesentlich einfacher, wenn man den obigen Apparat als integrierenden Torsionsindikator oder Leistungszähler ausbildet.

Natürlich kann man auch, ohne merkliche Änderung der obigen Konstruktion, beide Eigenschaften in einem Apparat vereinigen, d. h. daß derselbe neben dem Arbeitsverlauf im einzelnen sofort auch stets die Summe der von einem bestimmten Zeitpunkt ab verrichteten Arbeit angibt. Der Arbeitszähler kann dann elektrisch so ausgebildet werden, daß man an einem vom Maschinenraum fern liegenden Punkte stets seine Anzeigen vor Augen haben, und so den jeweiligen Kraftverbrauch aus der Ferne kontrollieren kann. (Bd. III.)

[37]) Der Teil Fig. 17 wird am besten als leichte Scheibe ausgeführt, damit er nicht durch Ungleichförmigkeiten der Wellenrotation bewegt werden kann.

Starke Ungleichförmigkeiten könnten bei der Anordnung der Fig. 22 höchstens vielleicht die Federn der Vorrichtung *E* oder den Draht *l* beeinflussen (siehe Fig. 17); doch ist hier zu bedenken, daß die Federn von *E* straff eingespannt sind, sehr geringe Länge haben, und zudem keine große Masse besitzen. Ähnliches gilt auch für den endlosen Draht *l*, welcher so kurz geführt werden kann, daß die eben angedeutete Beeinflussung durch Ungleichförmigkeiten in allen praktischen Fällen ausgeschlossen bleibt. Zudem ist es nicht schwer, die Federn der Vorrichtung *E* so anzuordnen, daß die durch Ungleichförmigkeiten erzeugten Massenkräfte oder Drehmomente einander aufheben; jedoch würde dies wohl nur in ganz außergewöhnlichen Fällen nötig sein.

a, *b*, *c* und *d*, *e*, *f*, Fig. 22, und dem Werte von *T* wird dann die Eigenschwingung des Systems *C*, *E*, F, Fig. 17, abhängen. Man hat es jedoch in der Hand, diese für alle praktisch in Betracht kommenden Fälle so hoch zu wählen, daß eine Störung durch dieselben vollständig ausgeschlossen werden kann.

Wir werden sogleich zeigen, wie diese Eigenschwingungszahl leicht errechnet werden kann (Seite 68).

Die Möglichkeit des Auftretens solcher Schwingungen legt uns nun den Gedanken nahe, gerade diese sonst so störend und lästig empfundenen Eigenschwingungen zu einem bestimmten Zwecke direkt auftreten zu lassen, nämlich zur harmonischen Analyse der Torsionsschwingungen.[38])

Wir laden also jetzt förmlich das ein, wogegen wir uns eigentlich mit Händen und Füßen sonst wehren, und mit Recht.

Das hat folgenden Grund:

Wir hatten früher schon Gelegenheit zu zeigen, wie durch die absichtliche Erzeugung von Resonanz in einem elektrischen Leiter der in ihm fließende Strom auf einfachste Weise harmonisch analysiert werden konnte mit dem Vorteil, daß die einzelnen Wellen ihren gegenseitigen Verlauf entsprechend direkt aufgezeichnet wurden.

Auf Grund der öfter angeführten Analogien zwischen den elektrischen und mechanischen Schwingungssystemen kann man sagen, daß, ganz allgemein, wenn zwei Körper oder Teile derselben gegeneinander eine nach der Zeit periodisch verlaufende Bewegung ausführen, diese durch Anordnung geeigneter mechanischer Schwingungssysteme mit Hilfe der Resonanz in ihre Unter- oder Teilschwingungen zerlegt werden kann.

Wir ersehen hieraus die Möglichkeit, die Eigenschwingungen einzelner Teile eines Torsionsindikators mit Vorbedacht so zu wählen,

---

[38]) Für die genaue Untersuchung der Vorgänge in Wellenleitungen ist die Kenntnis des Gesetzes, nach dem die Störungsfunktion oder die Erregerschwingung verläuft, sowie dasjenige der erzwungenen oder erregten Schwingung, unerläßlich.

Oben wird gezeigt werden, wie die Analyse oder Zerlegung der letzteren Schwingung zwecks Bestimmung des Gesetzes ihres Verlaufs mechanisch vorgenommen werden kann; hier sei nur noch bemerkt, daß es möglich erscheint, in ganz analoger Weise auch die Erregerschwingung mechanisch zu analysieren, und zwar durch Anbringung entsprechender Apparate an den elastisch deformierbaren Elementen, durch die diese Schwingung eingeleitet wird. Beispielsweise könnte man zu diesem Zwecke bei einer Kolbenmaschine die Durchbiegung eines oder mehrerer Kurbelarme (ebenso, wie Hirn die Durchbiegung eines Balanciers einer Dampfmaschine bestimmte, vergl. Les Pandynamomètres) genau so analysieren, wie es oben vorgeschlagen wird, die Wellenverdrehung mechanisch zu analysieren.

daß bei ihnen Resonanz auftritt, und so mechanisch eine Fourier-Analyse der Torsionsschwingungen oder des Verdrehungsverlaufs vorgenommen werden kann, mit dem Vorteil, daß die einzelnen Wellenzüge direkt aufgezeichnet werden können in Bezug auf ihre relative Lage und Größe ihrer Amplitude.

Bei dem Verdrehungsverlauf oder den Torsionschwingungen einer Welle sind es bekanntlich die einzelnen Querschnitte derselben, die gegeneinander periodische Bewegungen nach der Zeit ausführen.

Im Vorhergehenden haben wir speziell stets die Bewegung zweier solcher Querschnitte oder der entsprechenden Scheiben *I* und *II* gegeneinander ins Auge faßt.

Es würde sich hier noch darum handeln, ein geeignetes Schwingungssystem zum Einschalten zwischen den Scheiben *I* und *II* aufzufinden.

Am nächstliegenden wäre vielleicht die Anwendung des folgenden einfachen Systems:

In Fig. 18 führe *I* gegen *H* irgend eine periodische Bewegung nach der Zeit t aus. Mit I und *II* sei eine Masse m durch zwei Federn a und b elastisch verbunden.

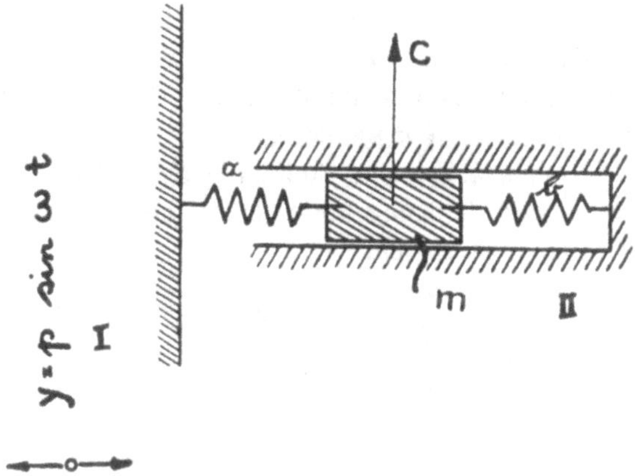

Fig. 18.

Von der periodischen Bewegung von I gegen *II* brauchen wir nur eine Welle $y = p \sin \omega t$ zu betrachten; da die Gesamtwirkung sich einfach als Summe dieser Wirkungen ergibt.

Es ist nicht schwer, die Gleichungen für die durch die Bewegungen von I gegen *II* erzwungene Bewegung der Masse m aufzustellen, jedoch bietet ihre Integration einige Schwierigkeiten, da die Reibungskraft ihr Zeichen mit der Bewegungsrichtung ändert.

Zudem kommt noch der Umstand, daß I und *II*, obwohl sie relativ nur gegeneinander pendeln, doch absolut mit der Welle rotieren und daher das Gewicht der Masse *m* gegen seine Unterstützungsfläche periodisch die Richtung ändert, und daß die Zentrifugalkraft der Masse *m* je nach der Umfangsgeschwindigkeit der Welle einen anderen Wert besitzt.

Ein Schwingungssystem, bei dem die letztgenannten Schwierigkeiten in Wegfall kämen, ist in Fig. 19 gezeigt.

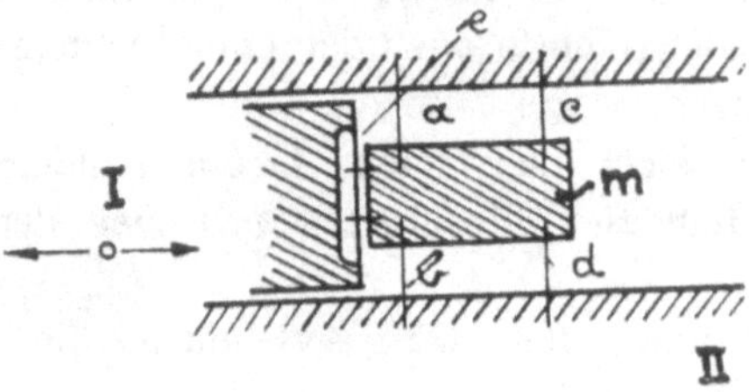

Fig. 19.

Statt die Masse *m*, wie in Fig. 18, gleitend auf *II* zu lagern, kann dieselbe mittels der Blattfedern *a*, *b*, *c*, *d* auf *II* elastisch verschiebbar gelagert werden. Die elastische Verbindung von *m* und *I* wird hier durch die Feder *e* erreicht.

Bezeichnet man den Ausschlag vom *m* aus seiner Mittellage zur Zeit *t* mit *x*, und haben die Federn *a*, *b*, *c*, *d* zusammen die Steifigkeit *c*, d. h. es sind *c* kg nötig, um *m* um $x = 1$ cm zu verschieben. Die Feder *e* möge eine Steifigkeit c' besitzen.

Die Bewegungsgleichung für *m* lautet dann einfach, wenn man von jeglicher Dämpfung absieht:

$$m\frac{d^2x}{dt^2} + cx = c'(y - x)$$

$$\text{oder } m\frac{d^2x}{dt^2} + (c + c')x = c'y$$

oder mit $y = p \sin \omega t$

$$= \frac{d^2x}{dt^2} + \frac{(c + c')}{m}x = \frac{c'}{m}p \sin \omega t$$

Hieraus folgt nach Früherem der jeweilige Ausschlag *x* der Masse *m* zu:

$$x = \frac{c'/m}{\frac{(c + c')}{m} - \omega^2} p \sin \omega t$$

$$= \frac{c'}{(c + c')\left(1 - \frac{\omega^2}{\frac{c + c'}{m}}\right)} p \sin \omega t$$

Bezeichnen wir den Ausdruck $\sqrt{\frac{c+c'}{m}} = 2\pi f$ [39]) mit n, so können wir in obiger Gleichung für $\frac{c+c'}{m}$, n^2 schreiben, also

$$x = \frac{c'}{(c+c')\left(1-\frac{\omega^2}{n^2}\right)} p \sin \omega t = A p \sin \omega t.$$

Der Koeffizient A gibt uns also an, in welchem Verhältnis die Amplitude p der Bewegung von I nachgeahmt wird.

Dieses Verhältnis hängt wesentlich von dem Werte des Ausdruckes $(1-\frac{\omega^2}{n^2})$ oder von dem Verhältnis der erregenden Frequenz zu der Frequenz der erzwungenen Schwingung $\frac{\omega}{n}$ ab; ist speziell $\omega = n$, d. h. $\omega = \sqrt{\frac{c+c'}{m}}$, so würde nach obiger Gleichung die Amplitude der erzwungenen Schwingung gleich ∞. Wegen der in Wirklichkeit stets vorhandenen Dämpfung erreicht der Ausschlag x von m, Fig. , für $n = \omega$ einen bestimmten Maximalausschlag.[40])

---

[39]) Mit f haben wir im Vorhergehenden die Frequenz der Eigenschwingungen bezeichnet. Dieselben ergeben sich hier sofort nach Fußnote 10, Seite 8 aus:

$$f = \frac{1}{T} = \frac{1}{2\pi}\sqrt{\frac{\text{Kraft für Verschiebung 1}}{\text{Masse}}}$$

In obigem Falle ist die Kraft, welche nötig ist, um die Masse m um 1 cm zu verschieben, wenn I gegen II in Ruhe verharrt, gleich der Summe der Federsteifigkeiten oder $(c + c')$ kg, daher

$$f = \frac{1}{2\pi}\sqrt{\frac{(c+c')}{m}} \text{ oder } n = \sqrt{\frac{(c+c')}{m}} = 2\pi f.$$

[40]) Die Dämpfung besteht neben der äußeren Reibung aus einer inneren oder molekularen Reibung; man kann sich von dem Vorhandensein der letzteren überzeugen, wenn man einen Stab im Vakuum schwingen läßt.

Diesem letzten Teil der Dämpfung ist es in der Hauptsache zuzuschreiben, daß beim Eintreten von Resonanz die erzwungene Schwingung nicht die entsprechende Größe der Erregeramplitude erreicht, sondern um einen bestimmten von der Dämpfung abhängigen Betrag hinter diesem Wert zurück bleibt. Es sei daher hier darauf hingewiesen, daß es durchaus nicht unmöglich erscheint, die molekulare Dämpfung überhaupt auszuschalten, und die äußere Reibung auf ein absolutes Minimum zu beschränken. Dieses könnte wohl am besten durch eine Kreiselaufhängung erreicht werden; es ist nämlich eine bekannte Tatsache, daß ein in einem Fahrzeug entsprechend aufgehängter Kreisel die Bewegungen desselben nachahmt. Hängt man also auf einer beweglichen Unterlage verschiedene Kreisel in entsprechender Weise auf, und erteilt man der Unterlage eine periodische Bewegung, so werden die Kreisel diese Bewegung nachahmen; wählt man dann noch ihre Eigenschwingungszahlen in der Pendelrichtung im Einklang mit der Schwingungszahl der periodischen Bewegung, die der Unterlage erteilt wird, so sind die Bedingungen für die Resonanz wieder gegeben.

Wir sehen hieraus, daß, wenn wir verschiedene Elemente nach Fig. 19 so anordnen, daß für das erste

$$\omega = \sqrt{\frac{c + c'}{m}}$$

für das zweite

$$2\omega = \sqrt{\frac{c_2 + c_2'}{m_2}}$$

für das dritte

$$3\omega = \sqrt{\frac{c_3 + c_3'}{m_3}}$$

für das n'te

$$n\omega = \sqrt{\frac{cn + cn'}{mn}}$$

dieselben der Reihe nach durch Resonanz die erste, zweite, dritte, ... n'te harmonische Schwingung einer allgemeinen periodischen Bewegung $f(t) = A_0 + A_1 \sin \omega t + A_2 \sin 2\omega t \ldots. + B_1 \cos \omega t + B_2 \cos 2\omega t \ldots.$ von *I* gegen *II* in irgend einem rechnerisch oder experimentell zu bestimmenden Maßstab genau nachahmen werden.

In Figuren 20, 21 und 22 sind noch zwei Schwingungs-

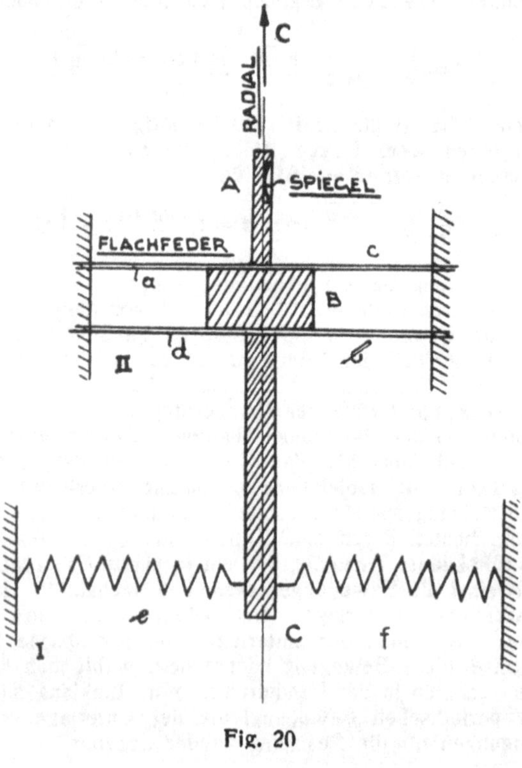

Fig. 20

systeme gezeigt, bei denen die periodische Bewegung der Scheiben *I* und *II* gegeneinander statt, wie in den Figuren 18, 19 in eine hin und her gehende, in eine Drehbewegung verwandelt wird.

Es ist selbstverständlich hier und im Vorhergehenden vorausgesetzt, daß die Bewegungen zwischen den Scheiben I und *II* sehr gerging sind, wie das bei den Verdrehungsmessungen stets der Fall ist.

An der Scheibe *I* seien Federn *e* und *f*, Fig. 20, befestigt, welche einen Körper *A*, *B*, *C* mit der Scheibe *I* elastisch verbinden. Der Körper *A*, *B*, *C* sei mittels der Flachfedern *a*, *e*, *d*, *b* mit der Scheibe *II* elastisch verbunden.

Verschiebt sich I' gegen *II*, so ist leicht ersichtlich, daß der Körper *A*, *B*, *C* hierbei eine entsprechende Drehung ausführen wird. Diese kann durch einen Spiegel, der am Körper *A*, *B*, *C* angebracht ist, mittels Lichtstrahlen zur Anzeige gebracht werden.

Bedenkt man aber, daß bei einer Rotation der Scheiben *I* und *II* auf den Körper und die Federn *a*, *c*, *d*, *b*, *e* und *f* in radialer Rich

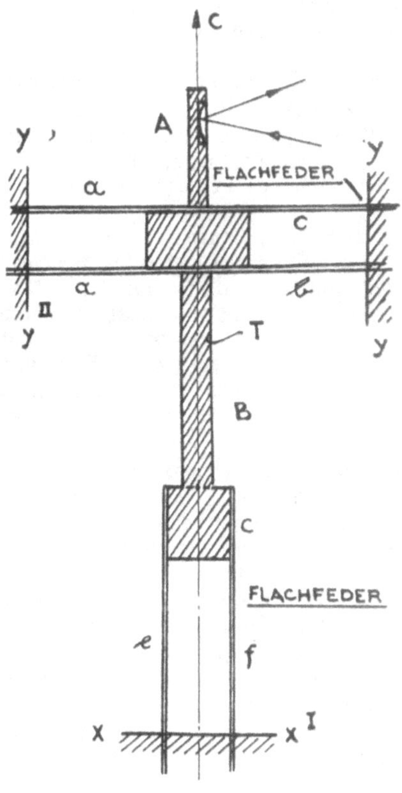

Fig. 21.

tung Zentrifugalkräfte wirken, so sieht man sofort das Unhaltbare dieser Anordnung für unsere Zwecke, da diese Kräfte den Körper *A B C* samt seinen Federn achsial zu verschieben suchen.

Bei der in Fig. 21 gezeigten Anordnung würden die Hauptkräfte durch die Flachfedern *e* und *f* aufgenommen; diese Anordnung wäre also für unsere Zwecke wesentlich besser geeignet, als die der Fig. 20.[41])

---

[41]) Ehe wir die erzwungenen Schwingungen des in Fig. 21 gezeigten Systems angeben können, müssen wir hier erst kurz einiges über die durch Krümmungsänderungen an Band- oder Flachkörpern bedingten Kräfte vorausschicken; da wir sonst nicht so ohne weiteres in den Stand gesetzt wären, die Richt- oder Rückstellmomente eines solchen Systems für den Einheitsausschlag anzugeben, wozu wir ja zur Aufstellung unserer Differentialgleichung für die Bewegung unseres Systems unbedingt imstande sein müssen, wenn wir diesen Wert nicht für einen bestimmten vorliegenden Fall direkt experimentell bestimmen wollen.

In Fig. 23 stelle *E I B C* eine Flachfeder vor. Dieselbe sei an ihrem unteren Ende bei *E I* eingespannt. Am oberen Ende sei die Feder mit einem Körper *A C D B* in *C B* verspannt. Der Körper *A, C, D, B* sei um eine rechtwinklig zur Papierebene stehenden Achse drehbar gelagert, wie in Fig. 23 angedeutet.

Die in Fig. 23 gezeigte Lage *E I B C* der Flachfeder sei deren Ruhelage.

Wirkt auf den Körper *A C D B* jetzt ein Moment *M* im Uhrzeigersinne, so möge die Feder mit ihrem Körper *A C D B* eine neue Gleichgewichtslage *E' B' C'* einnehmen; die entsprechende Lage des Körpers ist dann *A' C' D' B'*. Ein Element *a b* der Feder möge also in die neue Lage *a' b'* übergehen.

Es handelt sich jetzt für uns darum, einen Ausdruck für den Wert des Momentes *M* in Abhängigkeit von den Federabmessungen und deren Materialeigenschaften zu finden, welches nötig ist, um den Körper *A C D B* um einen kleinen Winkel α aus seiner Gleichgewichtslage zu drehen.

Unsere Rechnungen werden wesentlich vereinfacht, wenn wir uns mit den aus dieser Drehung des Körpers *A C D B* resultierenden Kräften und Momenten beschäftigen. Wir werden deshalb also nur diejenigen Änderungen einführen, die diese gegenüber den Werten, die sie im Gleichgewichtszustand besitzen, erfahren.

Betrachten wir den Gleichgewichtszustand des Körpers *A C D B* in der Lage *A' C' D' B'* unter der Einwirkung oben genannter Kräfte, so sehen wir, daß auf denselben irgend eine durch seine Drehungsachse gehende Kraft *P* und das Moment *M* wirken muß; und diesen muß das Gleichgewicht gehalten werden durch die elastischen Kräfte der Flachfeder *E' B' C'*. Schneiden wir die Feder an irgend einer Stelle durch, so sehen wir, daß diese aus einer Kraft, die im Federquerschnitt wirkt, und einem Moment *M* bestehen.

Die Größe der zuletzt genannten Kraft können wir nicht so ohne weiteres angeben; wir eliminieren sie daher am besten, indem wir die Momente aller Kräfte nehmen, um einen Punkt der durch den Schnitt der eben erwähnten Kraft mit dem entsprechenden Querschnitt der Feder gegeben ist, in welchem Falle jene Kraft in bezug auf diesen Punkt das Moment Null aufweisen wird.

Die Kraft *P* möge die in der Fig. 23 angegebene Richtung haben, und

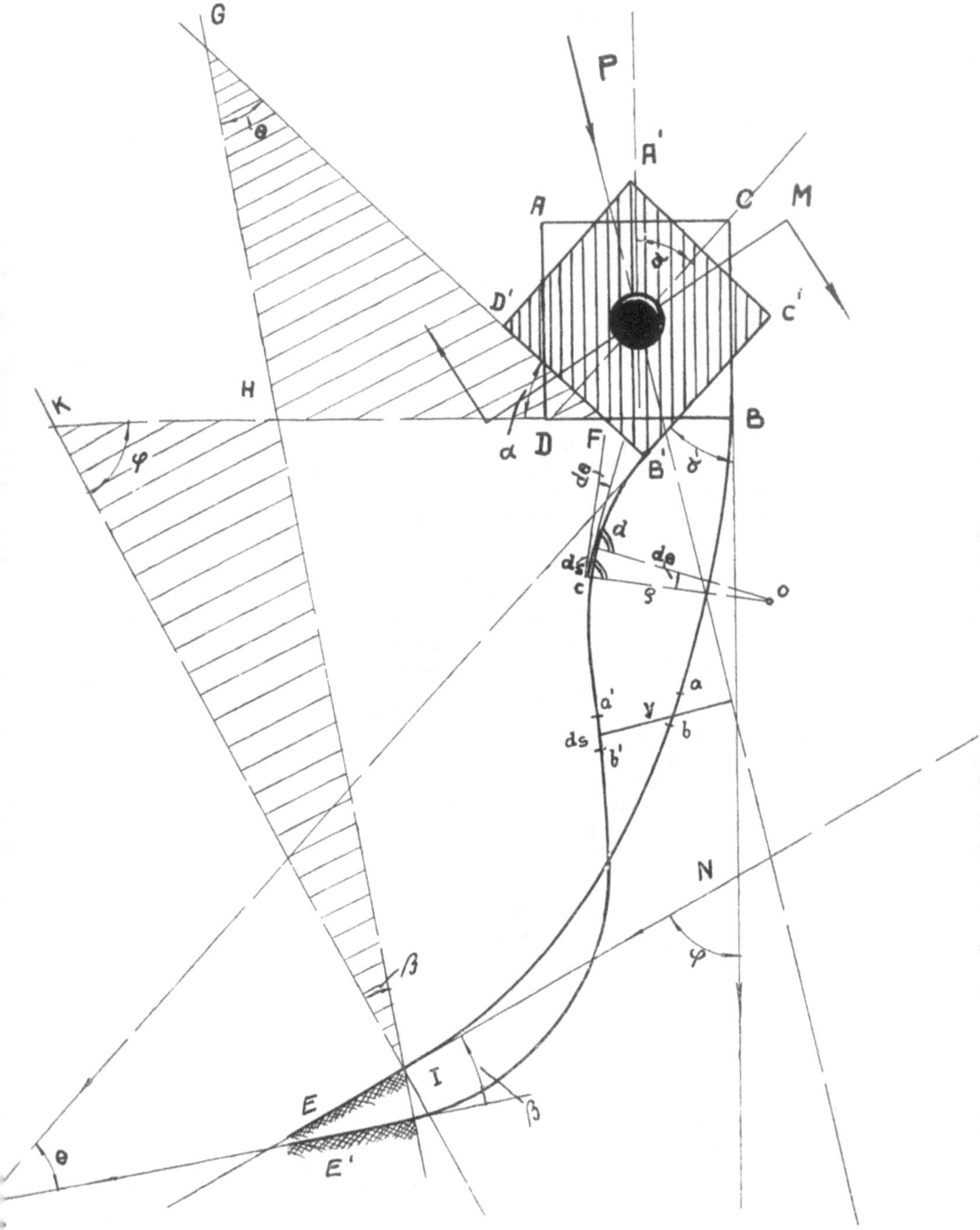

Fig 23.

der eben erwähnte Punkt möge einen senkrechten Abstand y von dieser Richtung haben: dann können wir unsere Momentengleichung schreiben:

$$M + P \cdot y - m = 0 \qquad 1)$$

In der Gleichung suchen wir M und vorläufig sind uns aber noch die Werte von $P.y$ und m unbekannt.

Wir wollen uns vorerst über den Wert von m orientieren und müssen hier kurz auf einige Resultate der Theorie der reinen Biegung gerader Balken zurückkommen.

Biegt man einen ursprünglich als vollkommen gerade und mit homogener Struktur angenommenen Balken um ein Geringes durch, so möge einer seiner Fasern von der ursprünglichen Länge l hiernach einer Spannung σ ausgesetzt sein, und daher unter deren Einwirkung eine Längenänderung λ erfahren.

Bezeichnen wir noch den Elastizitätsmodul des Balkenmaterials mit E, so haben wir nach dem Vorhergehenden (vergl. Fußnote 18 S. 25) die Beziehung:

$$\varepsilon = \frac{\lambda}{l} = \frac{\sigma}{E}$$

Wird noch mit ρ der Krümmungsradius der gespannten Faser bezeichnet (in geradem Zustand derselben war er ∞) und wird deren Abstand von der neutralen Schicht oder Schicht der ungespannten Faser mit y bezeichnet, so ergibt sich aus einer geometrischen Ähnlichkeit von entsprechenden Gebilden die Beziehung:

$$\varepsilon = \frac{\lambda}{l} = \frac{y}{\rho} = \frac{\sigma}{E}$$

Der Wert von σ wird von der Größe von y, der Querschnittsverteilung um den Schwerpunkt des Balkenquerschnittes und dem die Krümmung des Balkens hervorbringenden Moment M abhängen.

(Die neutrale Schicht enthält die Schwerpunkte der Balkenquerschnitte, weil für den inneren Zusammenhang des Balkens die Summe aller inneren Kräfte $= 0$ sein muß, also $O = \Sigma \sigma \cdot df$ (σ ist eine Kraft pro Flächeneinheit und df ein Flächenelement).

Bei Annahme eines linearen Spannungsverlaufs verhalten sich bekanntlich die Spannungen wie die Abstände der entsprechenden Fasern von einem bestimmten Punkte; setzen wir eine Spannung σ_0 im Abstande y_0 von diesem Punkte als bekannt voraus, so können wir also schreiben:

$$\frac{\sigma}{\sigma_0} = \frac{y}{y_0} \quad \text{oder} \quad \sigma = \frac{\sigma_0}{y_0} y.$$

Wir können daher obige Bedingungsgleichung auch schreiben:

$$O = \Sigma \frac{\sigma_0}{y_0} y dF = \frac{\sigma_0}{y_0} \Sigma\, dFy.$$

$\frac{\sigma_0}{y_0}$ setzen wir voraus ist nicht gleich O; daher haben wir die Bedingung:

$$dFy = O$$

Dieses ist aber die bekannte Bedingungsgleichung für den Schwerpunkt eines Querschnittes).

Jedenfalls wissen wir, daß die Summe aller Momente der inneren Spannungen des Balkens um einen Punkt gleich dem angreifenden Moment M_1 sein wird, da keine anderen Kräfte auf den Balken wirken sollen.

Es ist also, wenn wir Momente um den Schwerpunkt des Balkenquerschnittes nehmen

$$M_1 = \Sigma \sigma\, dFy$$

oder
$$M_1 = \frac{\sigma_0}{y_0} \Sigma\, d\,F y^2$$

Der Ausdruck $\Sigma\, d\,F\,y^2$ stellt aber das Trägheitsmoment I des Balkenquerschnittes dar.

Es ist also
$$\sigma_0 = \frac{M_1\, y_0}{I}$$

Nehmen wir noch an, unsere vorhergehenden Betrachtungen gelten der Faser, für die $\sigma = \sigma_0$ und $y = y_0$ ist.

So können wir die früher gewonnene Gleichung
$$\varepsilon = \frac{\lambda}{l} = \frac{y}{\rho} = \frac{\sigma}{E}$$

auch schreiben:
$$\frac{y_0}{\rho} = \frac{\sigma_0}{E}$$

Substituieren wir in dieser Gleichung für σ_0 den oben gefundenen Wert, so schreibt sich dieselbe
$$\frac{y_0}{\rho} = \frac{M_1\, y_0}{E\,I}$$

oder
$$\frac{1}{\rho} = \frac{M_1}{E\,I}$$

$\frac{1}{\rho}$ ist bekanntlich die Krümmung des Balkens; dieselbe stellt den Grenzwert von $\frac{d\Theta}{ds}$ dar, vergl. Fig. 23, wo $d\,\Theta$ der Winkel zwischen den Endnormalen oder Krümmungsradien des Elementes $c\,d$ von der Länge $d\,s$ sein möge.

Es gibt verschiedene Wege, einen Ausdruck zu finden, der $\frac{1}{\rho}$ oder die Krümmung einer Kurve in Abhängigkeit von ihrer Gleichung ausdrückt. Wir wollen hier kurz den Ausdruck für $\frac{1}{\rho}$ entwickeln.

Wir hatten oben gesehen, daß $\frac{1}{\rho}$ sich immer mehr und mehr dem Werte von $\frac{d\Theta}{ds}$ nähert, je kleiner $d\Theta$ und $d\,s$ werden, oder was dasselbe ist, ein unendlich kleines Bogenelement $d\,s = \rho\, d\Theta$.

Nun ist aber $\operatorname{tg}\Theta = \frac{dy}{dx}$ oder gleich der Steigung der Kurve an der Stelle $x\,y$, oder
$$\Theta = \operatorname{arc\,tg}\frac{dy}{dx} = \operatorname{tg}^{-1}\frac{dy}{dx}$$

daher
$$\frac{d\Theta}{dx} = \frac{\frac{d^2y}{dx^2}}{1 + \left(\frac{dy}{dx}\right)^2}$$

Für $d\,s$ haben wir
$$ds^2 = dx^2 + dy^2$$

oder
$$\frac{ds}{dx} = \sqrt{1 + \left(\frac{dy}{dx}\right)^2}$$

Wir können also für $\frac{1}{\rho} = \frac{d\Theta}{ds}$ schreiben

$$\frac{1}{\rho} = \frac{d\Theta}{dx} \cdot \frac{dx}{ds} = \frac{\frac{d^2y}{dx^2}}{\left\{1 + \left(\frac{dy}{dx}\right)^2\right\} \sqrt{1 + \left(\frac{dy}{dx}\right)^2}}$$

oder
$$\frac{1}{\rho} = \frac{\frac{d^2y}{dx^2}}{\left\{1 + \left(\frac{dy}{dx}\right)^2\right\}^{3/2}}$$

Unsere vorhergehende Gleichung $\frac{1}{\rho} = \frac{M_1}{EI}$ schreibt sich hiermit:

$$\frac{\frac{d^2y}{dx^2}}{\left\{1 + \left(\frac{dy}{dx}\right)^2\right\}^{3/2}} = \frac{M_1}{EI}$$

Ist speziell, wie wir es hier vorausgesetzt haben, die Krümmung oder Durchbiegung unseres Balkens sehr gering, so ist $\frac{dy}{dx} = \operatorname{tg} \Theta$ oder Θ sehr gering, und wir können daher den Ausdruck $\left\{1 + \left(\frac{dy}{dx}\right)^2\right\}^{3/2}$ in obiger Gleichung, zumal $\frac{dy}{dx}$ im Quadrat darin erscheint, gleich *1* setzen.

Mit dieser Vernachlässigung erhalten wir dann sofort die bekannte Gleichung der sogenannten elastischen Linie:

$$\frac{d^2y}{dx^2} = \frac{M_1}{EI} = \frac{1}{\rho}$$

Diese Gleichung können wir sofort auf unseren in Fig. 23 dargestellten Fall anwenden.

War die Krümmung des Elementes *a, b* in der Lage *E I B C* der Feder gleich $\frac{d^2y}{dx^2}$ und ist die Krümmung desselben Elementes in der Stellung *E' B' C'*, also von $a'\,b' = ds$ gleich $\frac{d_2y'}{dx_1^2}$, so ist die Zunahme *m* des auf das Element wirkenden Biegungsmomentes gleich

$$EI\left(\frac{d^2y'}{dx_1^2} - \frac{d^2y}{dx^2}\right) = m$$

oder, wenn wir die entsprechenden Krümmungsradien mit ρ resp. mit ρ' bezeichnen, gleich

$$EI\left(\frac{1}{\rho'} - \frac{1}{\rho}\right)$$

(Die Zunahme des Biegungsmomentes in irgend einem Punkte stellt sich also mit obigen Einschränkungen einfach als das Produkt aus *EI* und der Krümmungsänderung an diesem Punkte).

Dieses ist der Ausdruck für unser *m* in der Gleichung 1)

Mit Einführung dieses Wertes schreibt sich Gleichung 1) dann

$$M + Py - EI\left(\frac{1}{\rho'} - \frac{1}{\rho}\right) = 0 \quad \text{oder}$$

$$EI\left(\frac{1}{\rho'} - \frac{1}{\rho}\right) = M + Py$$

Multipliziert man beide Seiten der Gleichung mit der Länge ds des entsprechenden Federelementes, so ergibt sich

$$EI\left(\frac{ds}{\rho'} - \frac{ds}{\rho}\right) = M\,ds + Py\,ds.$$

Nehmen wir die Summe aller dieser Gleichung entsprechenden Einzelausdrücke für den Verlauf der Feder, so erhalten wir:

$$\Sigma EI\left(\frac{ds}{\rho'} - \frac{ds}{\rho}\right) = \Sigma M\,ds + \Sigma Py\,ds.$$

Betrachten wir den Faktor $\left(\frac{ds}{\rho'} - \frac{ds}{\rho}\right)$ des rechten Ausdruckes näher, so sehen wir, daß die Summe aller Ausdrücke der Form $\frac{ds}{\rho}$, oder $\Sigma\frac{ds}{\rho'}$ den Winkel Θ zwischen den Endnormalen HG und $B'D'G$ der Feder in der Stellung $E'B'C'$ oder denselben Winkel Θ zwischen den entsprechenden Tangenten $E'L$ und $LB'C'$ der Fig. 23 darstellt, da, wie wir früher schon sahen, $\frac{ds}{\rho} = d\Theta$ gleich dem Elementarwinkel zwischen den Endnormalen oc und od des Elementes $cd = ds$ oder den entsprechenden Tangenten ist. Dasselbe gilt für die Normalen KI und $KHDB$, bezw. die Tangenten NBC und NIE, die den Winkel φ einschließen mögen.

Wir können daher für die rechte Seite der obigen Gleichung schreiben:

$$\Sigma EI\left(\frac{ds}{\rho'} - \frac{ds}{\rho}\right) = EI\,(\Theta - \varphi)$$

unter der Voraussetzung, daß E und I über den Verlauf der ganzen Feder konstant sind.

Diesen Ausdruck kann man noch umformen, so daß die Winkel α und β, um die sich die Einspannungsstellen der Feder gedreht haben, darin vorkommen.

Bezeichnet man die Schnittpunkte der entsprechenden Normalen mit F und I, so haben wir in den schraffierten Dreiecken FGH und HIK

$$\varphi + \beta = \Theta + \alpha$$

($\sphericalangle\, BHI = \varphi + \beta$ als Außenwinkel des Dreieckes HIK und $\sphericalangle\, GAK = \Theta + \alpha$ als Außenwinkel des Dreieckes FGH, und da $\sphericalangle\, BHI = \sphericalangle\, GHK$ als Scheitelwinkel ist, so gilt obiger Ausdruck).

Oder

$$\Theta - \varphi = \alpha - \beta$$

Wir schreiben daher

$$EI\,(\alpha - \beta) = \Sigma M\,ds + \Sigma Py\,ds$$

Für die Summe aller Einzellängen ds können wir die gesamte freie Länge l der Feder schreiben.

Es wird also

$$\Sigma M\,ds = M\,l.$$

Die Summe aller Ausdrücke der Form $y\,ds$ oder $\Sigma y\,ds$ stellt das statische Moment der Feder in Bezug auf die Richtungslinie der Kraft P dar; dasselbe ist gleich der Länge l der Feder mal dem Abstand des Schwerpunktes der Feder von dieser Linie; bezeichnen wir denselben mit Y, so schreibt sich obige Gleichung:

$$EI\,(\alpha - \beta) = M\,l + P\,l\,Y$$

In dieser Gleichung kann das Produkt $P \,.\, Y$ aufgefaßt werden als das Moment der Kraft P um den Schwerpunkt der Feder. Wir wollen dieses Moment mit N bezeichnen.

Die letzte Gleichung schreibt sich dann:

$$E I(\alpha - \beta) = M l + N l \text{ oder}$$

$$M = \frac{E I(\alpha - \beta)}{l} - N \qquad 2)$$

Dieses ist die gesuchte Gleichung für M; tritt speziell der Fall ein, daß der Winkel $\beta = O$ ist, d. h. daß die entsprechende Einspannungsstelle der Feder sich nicht bewegen kann, und handelt es sich ferner um Federanordnungen, bei denen der Schwerpunkt nahezu oder ganz auf die Richtungslinie von der Kraft P fällt (spiral- oder S-förmige Federn), oder ist die Winkeldrehung so klein, daß P sehr klein ausfällt, so verschwinden β und N in obiger Gleichung, und wir erhalten

$$M = \frac{E I}{l} \alpha. \qquad 3)$$

Diese Gleichung sagt aus, daß mit obigen Beschränkungen das Rückstellmoment M einer Feder unter sonst gleichen Umständen dem Winkel α, um den die Einspannstelle der Feder gedreht wurde, direkt proportional ist.

Die Gleichung 2) kann allgemein so in Worte gefaßt werden: Ein beliebiger homogener Band- oder Flachfeder ähnlicher Körper sei an seinen beiden Enden eingespannt. Hierbei ist es gleichgültig, ob die Einspannstelle fest oder beweglich gelagert ist oder nicht.

Erfährt er dann durch irgendeine Inanspruchnahme an einer seiner Einspannstellen eine bestimmte Richtungsänderung, so wird das Rückstellmoment oder dasjenige Moment, welches die zuerst genannte Einspannstelle in ihre ursprüngliche Lage zurückführen will, dargestellt durch das Produkt aus dem Elastizitätsmodul des Körpermaterials, dem äquatorialen Trägheitsmoment seines Querschnittes und der Differenz der beiden erfolgten Richtungsänderungen an den Einspannstellen, durch seine gesamte freie Länge dividiert, minus dem Moment der Resultierenden auf die erstgenannte Einspannstelle wirkenden Kraft um den Schwerpunkt der Konfiguration des Körpers außerhalb seiner Einspannungen.

Kann diese letzte Größe vernachlässigt werden, so ergibt sich, daß unter sonst gleichen Umständen das korrespondierende Rückstellmoment der Einspannstelle des Körpers direkt proportional den Winkeländerungen ist, die die Richtung des Körpers an seinen Einspannstellen erfährt; — eine Tatsache, deren Nützlichkeit und praktische Bedeutung jedem Ingenieur einleuchten wird.

(Vergl. Perry, Angewandte Mechanik P. 623 f.; Routh, Die Dynamik der Systeme starrer Körper S. 90 f., siehe auch M. E. Philipps, Mémoire sur le spirale réglant des Chronomètres et des Montres, Liouville's Journal 1860).

Wir können jetzt mit Hilfe der im Vorhergehenden gewonnenen Resultate sofort zur Aufstellung der Bewegungsgleichung für das in Fig. 21 dargestellte System übergehen.

Dreht sich hierbei die Scheibe I gegen die Scheibe II um den Winkel Ψ und ist die Einspannungsstelle $x\,x$ der Flachfedern e und f um die Entfernung R von dem Drehpunkt der Scheibe I entfernt und bezeichnen wir ferner die Länge der Federn e und f mit l, und die der Federn $a\,c$ und $d\,b$ mit L, das Trägheitsmoment des Körpers $A\,B\,C$ mit T und dessen Ausschlagwinkel aus der Mittellage mit φ und zuletzt noch die Entfernung des Drehpunktes von $A\,B\,C$ von der Stelle C, an der die Federn e und f eingespannt sind, mit r, so schreibt sich der Weg S, den der Punkt C zurücklegt:

$$S = (r\varphi - (R + l)\,\Psi)$$

(Die Drehung von I soll im Uhrzeigersinne erfolgen; dann dreht $A\,B\,C$ sich im entgegengesetzten Sinne um φ Wird φ positiv gerechnet, so ist Ψ negativ anzusetzen. Voraussetzung ist natürlich, daß die Winkel φ und Ψ klein sind, und daher auch die Bogen $r\,\varphi$ und $(R + l)\,\Psi$ als geradlinig aufgefaßt werden können).

Hierdurch würden die Federn e und f also einer Durchbiegung $S = (r\varphi - (R + l)\,\Psi$ untergangen sein.

Die dieser Durchbiegung entsprechende Kraft P, die wir uns bei C wirkend denken können, ermittelt sich nach Früherem (siehe Fußnote 10 Seite 8) aus

$$S = (r\varphi - (R + l)\,\Psi) = \frac{2\,P}{E\,I}\,\frac{l^3}{3}$$

(Die 2 kommt in obige Gleichung, weil zwei Federn durchgebogen werden müssen; mit E und I sei der Elastizitätsmodul und das Trägheitsmoment der Federn bezeichnet)

oder

$$P = \frac{3\,E\,I\,(r\varphi - (R + l)\,\Psi)}{2\,l^3}$$

Diese Kraft hat um den Drehpunkt von $A\,B\,C$ ein Moment

$$P\,r = \frac{3\,E\,I\,(r\varphi - (R + l)\,\Psi)\,r}{2\,l^3}$$

Dieses Moment will den Körper $A\,B\,C$ in seine Mittellage zurückführen.

Die Federn $a\,c$ und $d\,b$ bewirken aber noch ein Rückstellmoment.

Wir setzen voraus, daß diese Federn an den Stellen y-y so auf II eingespannt sind, daß sie dort keine Richtungsänderung erleiden können.

Da sich der Körper $A\,B\,C$ um den Winkel φ gedreht haben soll, so haben sich die anderen Einspannstellen der Federn $a\,c$ und $d\,b$ um den Winkel φ gedreht.

Nach dem Vorhergehenden wirkt dann auf den Körper $A\,B\,C$ ein Moment

$$\frac{2\,e\,i}{L}\,\varphi$$

(Mit e und i sei der Elastizitätsmodul resp. das äquatoriale Trägheitsmoment der Federn $a\,c$ und $d\,b$ bezeichnet.)

Für eine relative Drehung Ψ von I wirkt also auf den Körper $A\,B\,C$ ein Rückstellmoment vom Werte

$$\frac{3\,E\,I\,(r\varphi - (R + l)\,\Psi)\,r}{2\,l^3} + \frac{2\,e\,i}{L}\,\varphi$$

Unsere Bewegungsgleichung schreibt sich dann, analog wie in früheren Fällen:

$$T\,\frac{d^2\varphi}{dt^2} + \frac{3\,E\,I\,(r\varphi - (R + l)\,\Psi)\,r}{2\,l^3} + \frac{2\,e\,i}{L}\,\varphi = 0$$

(In dieser Gleichung ist die Dämpfung wieder vernachlässigt) oder

$$\frac{d^2\varphi}{dt^2} + \frac{1}{T}\left(\frac{3\,E\,I\,r^2}{2\,l^3} + \frac{2\,e\,i}{L}\right)\varphi = \frac{r\,(R + l)}{2\,l^3\,T}\,\Psi$$

Ersetzen wir der Einfachheit halber die Koeffizienten von φ und Ψ durch α^2 resp. β, so schreibt sich obige Gleichung

$$\frac{d^2\varphi}{dt^2} + \alpha^2\,\varphi = \beta\,\Psi$$

Ψ verläuft periodisch nach der Zeit, also

$$\Psi = f\,(t).$$

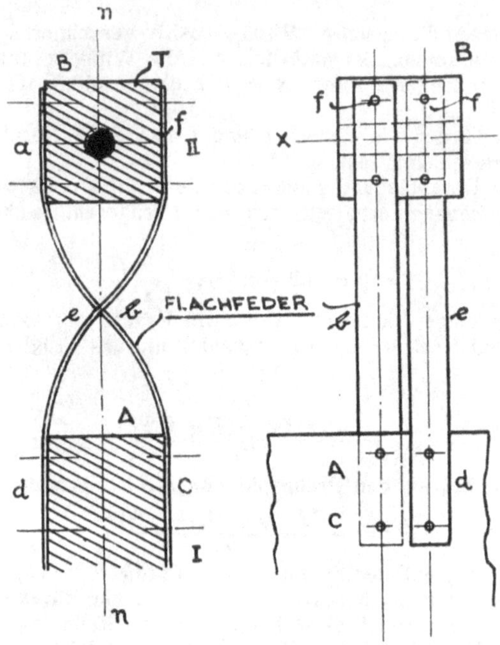

Fig. 22.

Wir beschränken wieder unsere Untersuchungen auf eine Unterwelle $p \sin \omega t$.

Dann lautet die Gleichung für die dieser Welle entsprechenden erzwungenen kleinen Schwingungen des Körpers $A\,B\,C$, Fig. 21:

$$\frac{d^2 \varphi}{dt^2} + \alpha^2 \varphi = \beta p \sin \omega t.$$

Nach Früherem ist die Auflösung dieser Gleichung

$$\varphi = \frac{\beta}{\alpha^2 - \omega^2} p \sin \omega t$$

In dieser Gleichung ist

$$\alpha = \sqrt{\frac{1}{T}\left(\frac{3 E I r^2}{2 l^3} + \frac{2 e i}{L}\right)} = 2 \pi$$

mal der Frequenz der Eigenschwingungen des Systems der Fig. 21 (vergl. Fußnote 39, Seite 65).

Man bemerke auch, daß die Eigenschwingungszahl sofort nach Fußnote 10 Seite 8 mit $\varphi = 1$ und $\Psi = 0$ gefunden werden kann.

Für $\alpha = \omega$ wird wieder $\varphi = \infty$, wenn keine Dämpfung vorhanden ist.

Die Amplitude der erzwungenen Schwingung ist

$$\frac{\beta}{\alpha^2 - \omega^2} \text{ oder } \frac{\frac{r(R+l)}{2 l^3 T}}{\frac{1}{T}\left(\frac{3 E I r^2}{2 l^3} + \frac{2 e i}{L}\right) - \omega^2}$$

mal größer als p, die der erregenden Schwingung.

In diesem Ausdrucke wird sämtlichen Abmessungen oder Dimensionen des in Fig. 21 dargestellten Systems Rechnung getragen.

Doch wohl die beste Anordnung für unsere Zwecke ist die, die wir schon im Vorhergehenden kennen lernten (S. 58), nämlich die der Fig. 22.[42])

---

[42]) Die Bewegungsgleichung des Körpers B dieses Systems läßt sich mit Berücksichtigung des in Fußnote 41, Seite 68 Gesagten sofort niederschreiben.

Führt wieder I, d. h. Körper A, gegen II eine Drehung ψ aus, und dreht sich hierbei B um den Winkel φ gegenüber II, so ist das auf B wirkende Rückstell- oder Richtmoment

$$\frac{2EI}{l}(\varphi - \psi)$$

(Es sind 2 Federn der Länge l vom Trägheitsmoment I und dem Elastizitätsmodul E vorhanden. φ ist wieder positiv, ψ negativ (vergl. Fußnote 41); N der Gleichung 2), Fußnote 41 kann vernachlässigt werden, da die Kraft P für kleine Winkeldrehungen von A und B nahezu in die Richtung n-n, Fig. 22, fallen wird und klein sein wird. Zudem liegen die Schwerpunkte der einzelnen Federn in der Ruhestellung, wie aus der symmetrischen Anordnung folgt, auf n-n. Bei kleinen Schwingungen können sich dieselben also nur kaum merklich von der entsprechenden neuen Richtung von P entfernen. φ und ψ entsprechen α und β in der erwähnten Gleichung 2).

Bezeichnet noch T das Trägheitsmoment des Körpers B um seine Drehachse x-x, Fig. 22, so ist die gewünschte Bewegungsgleichung mit Vernachlässigung der Dämpfung:

$$T\frac{d^2\varphi}{dt^2} + \frac{2EI}{l}(\varphi - \psi) = 0$$

oder

$$\frac{d^2\varphi}{dt^2} + \frac{2EI}{Tl}\varphi = \frac{2EI}{Tl}\psi$$

Setzen wir wieder $\psi = f(t)$, und führen die Welle $p \sin \omega t$ in unsere Rechnung ein, so ergibt sich, wie früher für die kleinen erzwungenen Schwingungen des Körpers B, Fig. 22,

$$\varphi = \frac{\frac{2EI}{Tl}}{\frac{2EI}{Tl} - \omega^2}\, p \sin \omega t$$

oder, wenn wieder $\alpha = \sqrt{\frac{2EI}{Tl}} = 2\pi$ mal der Eigenschwingungszahl des Systems gesetzt wird:
(Man bemerke, daß die Eigenschwingungen nach Fußnote 10 wieder sofort aus $\varphi = 1$ und $\psi = 0$ folgen.)

$$\varphi = \frac{1}{1 - \frac{\omega^2}{\alpha^2}}\, p \sin \omega t.$$

Für den Fall der Resonanz müßte wieder $\frac{\omega^2}{\alpha^2} = 1$ sein, also

$$\alpha = \omega = \sqrt{\frac{2EI}{Tl}}$$

oder

$$\omega^2 = \frac{2EI}{Tl}$$

In Fig. 24 ist angedeutet, wie diese Vorrichtung zur harmonischen Analyse der Torsionsschwingungen benutzt werden kann.

Die Hülse oder das Meßrohr *A* trägt die Scheibe *I* und stellt den Körper *A* der Fig. 22 dar; die Welle ist ferner bei *B* mit der Scheibe *II* versehen, die den Körper *B* der Fig. 22 drehbar gelagert trägt.

Bewegt sich Scheibe *I* gegen *H*, so geraten die einzelnen entsprechend in ihrer Eigenschwingungszahl abgestimmten Schwingungssysteme nach Fig. 22 in Schwingungen.

Die Aufzeichnungen dieser Schwingungen kann entweder optisch oder mechanisch leicht erfolgen.

Es sei hier noch bemerkt, daß es bei Verwendung eines einfachen Zahnradgetriebes leicht zu erreichen ist, daß die verschiedenen

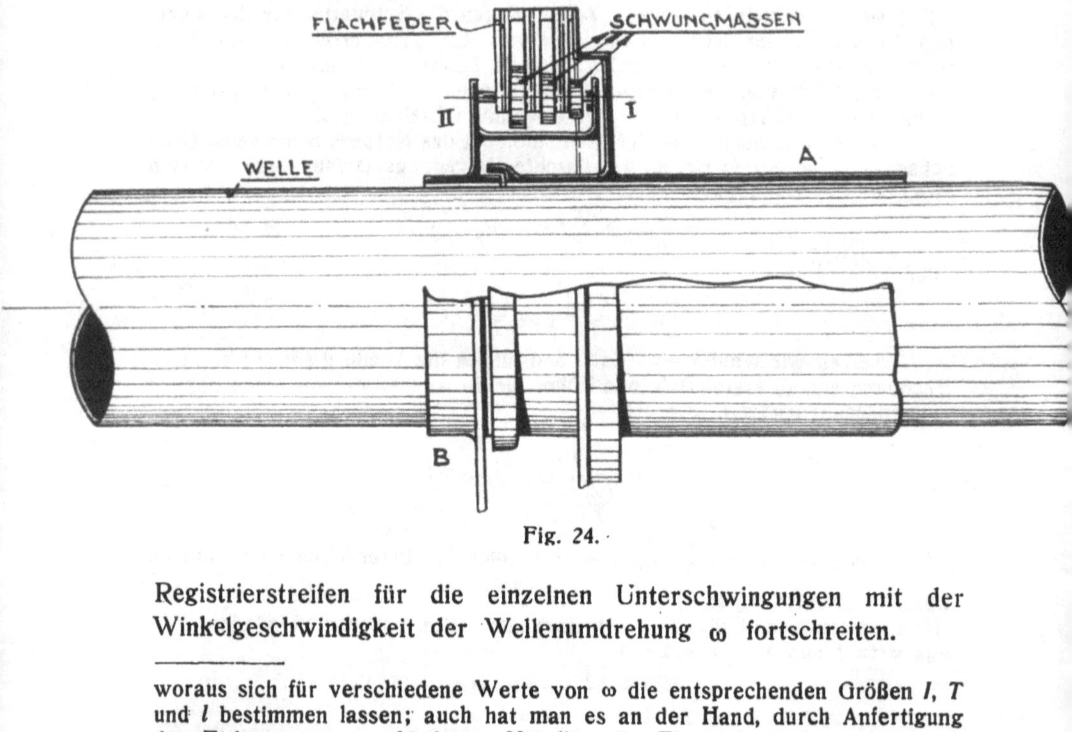

Fig. 24.

Registrierstreifen für die einzelnen Unterschwingungen mit der Winkelgeschwindigkeit der Wellenumdrehung ω fortschreiten.

---

woraus sich für verschiedene Werte von ω die entsprechenden Größen *I*, *T* und *l* bestimmen lassen; auch hat man es an der Hand, durch Anfertigung der Federn aus verschiedenen Metallen die Eigenschwingungszahl durch Aenderung von *E* zu ändern.

Es ist bei allen vorhergehenden Rechnungen der Einfluß der Dämpfung vernachlässigt worden, obwohl verschiedentlich auf ihren Einfluß hingewiesen wurde. Dieselbe ist hier vernachlässigt worden, da sich die Resultate dann sehr einfach gestalten.

Bei der späteren Besprechung der Torsionsschwingungen (Bd. III) ist der Dämpfung in vollem Umfange gerecht geworden.

Diese Anordnung hätte den Vorteil, daß bei Verwendung eines Schwingungssystems mit sehr hoher Eigenschwingungszahl, welches also die Funktion $f(t)$ der Bewegung von I gegen II selbst nachahmen würde, und mit entsprechenden Zeitmarken, die einzelnen Schwingungen der Phase nach sofort ohne Umzeichnung miteinander verglichen werden könnten.

Auch sei noch darauf hingewiesen, daß bei den meist nahezu sinoidal verlaufenden Verdrehungsschwingungen bei einer mechanischen Resonanzanalysatoranordnung nach Fig. 24 zur Bestimmung aller nötigen Unterwellen bis zur n'ten nur $\frac{n+3}{2}$, d. h. z. B. bis zur 27ten Unterschwingung nur $\frac{27+3}{2} = 15$ Schwingungssysteme und nicht 27, nötig sind, da die geraden Wellen, d. h. die mit Winkelgeschwindigkeiten 0,2 ω, 4 ω in dem oben genannten Falle meist verschwinden oder doch vernachlässigbar werden.[43])

Hiermit hätten wir die mechanischen Methoden zur Verdrehungsmessung behandelt. Dieselben eignen sich im allgemeinen nicht für sehr kurze Wellenlängen; jedoch kann der im Prinzip in Fig. 17 vorgeführte Apparat so ausgebildet werden, daß er die Verdrehungsmessung an verhältnismäßig sehr geringen Wellenlängen ermöglicht.

Diese Schwingungsanalyse durch Resonanz, wie sie im Vorhergehenden angedeutet wurde, kann naturgemäß auch bei noch so geringen Wellenlängen zur Anwendung gelangen. Doch abgesehen hiervon wird dieselbe für wissenschaftliche Untersuchungen und selbst für die Praxis mit der Zeit von nicht zu unterschätzender Bedeutung werden. Das Wort Resonanz, oder, wie Sir Oliver Lodge es lieber nach Dr. A. T. Myers nennen möchte, die Syntony oder Gleich-

---

[43]) Die Resonanz-Analysierelemente können in Sätzen eingebaut werden, die in ihrer Eigenschwingungszahl einer bestimmten Umdrehungszahl der Antriebsmaschine und in der Zahl der Anzahl der aufzunehmenden Unterschwingungen entsprechen.

Zu bemerken ist noch, daß die Federn bei den Elementen nicht an die in den Figuren 18—22 gezeigten Formen gebunden sind, sondern z. B. der Körper *B*, Fig. 22, von einer Spiralfeder nach Art der Unruhe bei Taschenuhren umgeben werden kann, die tangential in den Körper *A* übergeht. Ueberhaupt ist leicht zu sehen, daß der hier gewiesene Weg eine unbegrenzte Mannigfaltigkeit von Anordnungen zuläßt. Hier konnte es sich nur darum handeln, auf die Fruchtbarkeit des oben erwähnten Prinzips hinzuweisen.

Zu bemerken ist noch, daß die Analysatorelemente nicht notwendigerweise mit der Welle rotieren müssen; sie können selbstverständlich auch bei einer Anordnung wie der Collieschen (Seite 1) zur Anwendung gelangen.

tönung, hat eben, richtig angewandt, in der gesamten heutigen Technik eine ganz enorme Bedeutung erlangt.

Was die Fernübertragungen der Messungen bei den mechanischen Methoden oder die Fernmessung bei denselben überhaupt angeht, so wollen wir uns damit begnügen, hier zu bemerken, daß eine solche wohl leicht bei den oben erwähnten Methoden auf elektrischem Wege zu erreichen ist; doch ist es einfacher, sich in solchen Fällen einer der elektrischen Methoden, beispielsweise des auf S. 48, Der Torsionsindikator I, Krayn, Berlin 1912, und Die Turbine, S. 358, Heft 20, Juli 1913, beschriebenen Apparates von Denny Johnson, zu bedienen, der in seinem allgemeinen Aufbau genau dem Föttingerschen Apparat oder dem von Denny-Edgecombe gleicht, nur daß bei ihm die mechanischen Elemente jener Apparate durch einfache elektrische ersetzt sind.

Die optischen Methoden.

Anordnungen von Jervis-Smith.[1])

Will man die für die Größe der durch eine rotierende Welle übertragenen Leistung maßgebende Verdrehung der Welle bestimmen, so ist gezeigt worden, daß der nächstliegende Weg hierzu derjenige ist, der die Rotation der Welle gewissermaßen zu eliminieren sucht, d. h. die Welle, soweit die von uns an ihr vorzunehmenden Messungen in Betracht kommen, uns gegenüber in Ruhe zu bringen sucht, und so die Verdrehungsmessung auf eine einfache statische Meßoperation zurückführt.

Von diesem Gedanken ausgehend hat Jervis-Smith die im Folgenden beschriebenen Anordnungen getroffen.

Die erste dieser Anordnungen beruht auf folgende Tatsache: Hält man eine Scheibe, auf der ein radialer Pfeil verzeichnet sein möge, so vor eine spiegelnde Fläche, daß ihre Ebene senkrecht zu dieser steht, und der Pfeil zur gleichen Zeit eine vertikale Lage einnimmt, so wird das Spiegelbild des Pfeiles auch in vertikaler Lage erscheinen. (Siehe Figur 25, Seite 82).

Dreht man die Scheibe dann um einen rechten Winkel entgegengesetzt dem Sinne des Uhrzeigers, so daß der auf ihr verzeichnete Pfeil eine wagerechte Lage einnimmt, so dreht sich das Spiegelbild

---

[1]) Jervis-Smith: A new method of measuring the Torsional Angle of a Rotating Shaft or Spiral Spring. Philosophical Magazine, February 1898 p. 184.

A Torsion Ergometer (Dynamometer) and Differential Gear for reading the Torsional Angle of a Shaft or Solenoidal Spring Coil, used in the Dynamometric Testing of Screw Propellers and a Mechanical Integrator, 22. p. 11 Descriptive Catalogue Royal Society, May 2., 1894 (Pamphlet p. 3).

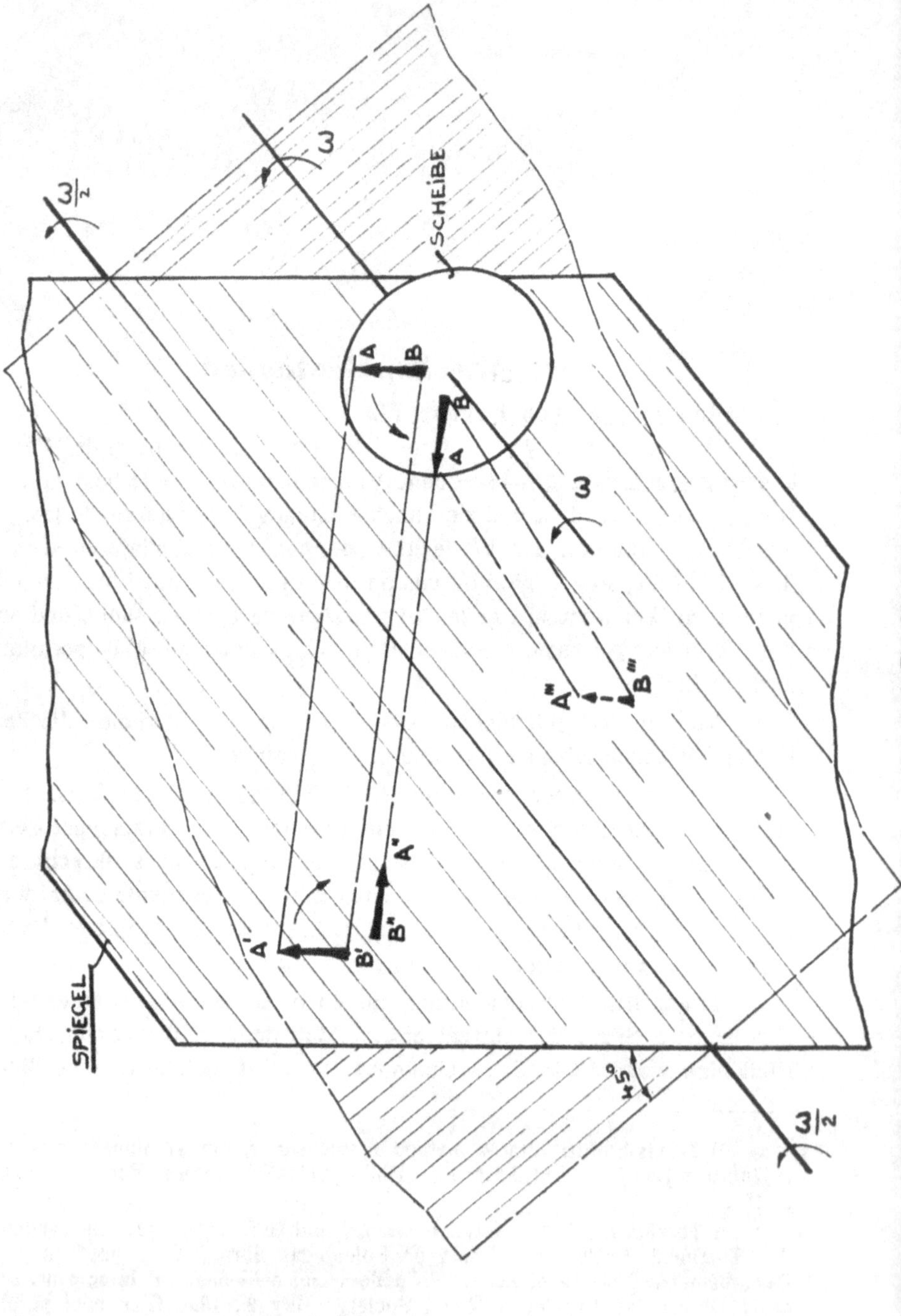
SCHEIBE
SPIEGEL
A
B
A'
B'
A''
B''
A'''
B'''
ω
ω/2
45°

des Pfeiles auch um einen rechten Winkel, aber in entgegengesetzter Richtung, also im Uhrzeigersinne.

Dreht man jetzt den Spiegel um 45 ° entgegengesetzt dem Uhrzeigersinne (also in gleicher Richtung mit der in der die Scheibe gedreht wurde), so erscheint das Spiegelbild des Pfeiles wieder in vertikaler Lage, allerdings an einer anderen Stelle wie vorher (siehe nebenstehende Figur).

Aus Obigem ergibt sich, daß bei einer beliebigen Rotation der Scheibe um eine zu ihrer Ebene senkrechte Achse das Spiegelbild des auf ihr verzeichneten Pfeiles zu ruhen scheint, wenn die spiegelnde Fläche mit der halben Winkelgeschwindigkeit der Scheibe und im selben Sinne wie diese um eine Achse rotiert, die parallel zu derjenigen der Scheibe ist.

In der Figur 26 ist das Entgegengesetzte gezeigt. *A* sei ein Gegenstand, dessen Bild im Spiegel *S' S'* bei *A'* erscheint.

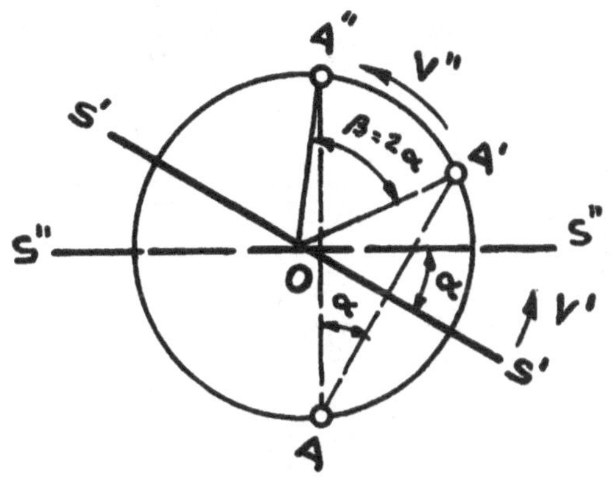

Fig. 26.

Dreht man den Spiegel *S' S'* um den Winkel α in die Lage *S'' S''*, so bewegt sich das Bild von *A*, *A'* nach *A''*, hat also um 0 den Winkel $\beta = 2\ \alpha$ beschrieben.

Wird der Spiegel *S' S'* in der Pfeilrichtung um den Punkt 0 mit einer Geschwindigkeit *V'* gedreht, so sieht man nach Obigem, daß das Bild *A'* einen Kreis mit der doppelten Geschwindigkeit $V'' = 2\ V'$ durchläuft.

Hieraus folgt durch Umkehrung geometrisch, was wir schon experimentell klar gelegt haben.

Um obige Erscheinung praktisch zur Torsionsmessung zu verwerten, ist es nur nötig, an der betreffenden Welle eine Verdrehungsskala, wie sie beispielsweise bei der später behandelten Anordnung von Amsler (S. 86) näher beschrieben ist, anzubringen, und dieser gegenüber, wie in Fig. 27 gezeigt, einen Spiegel mit der halben Winkelgeschwindigkeit ω der Welle und in gleicher Richtung mit dieser in

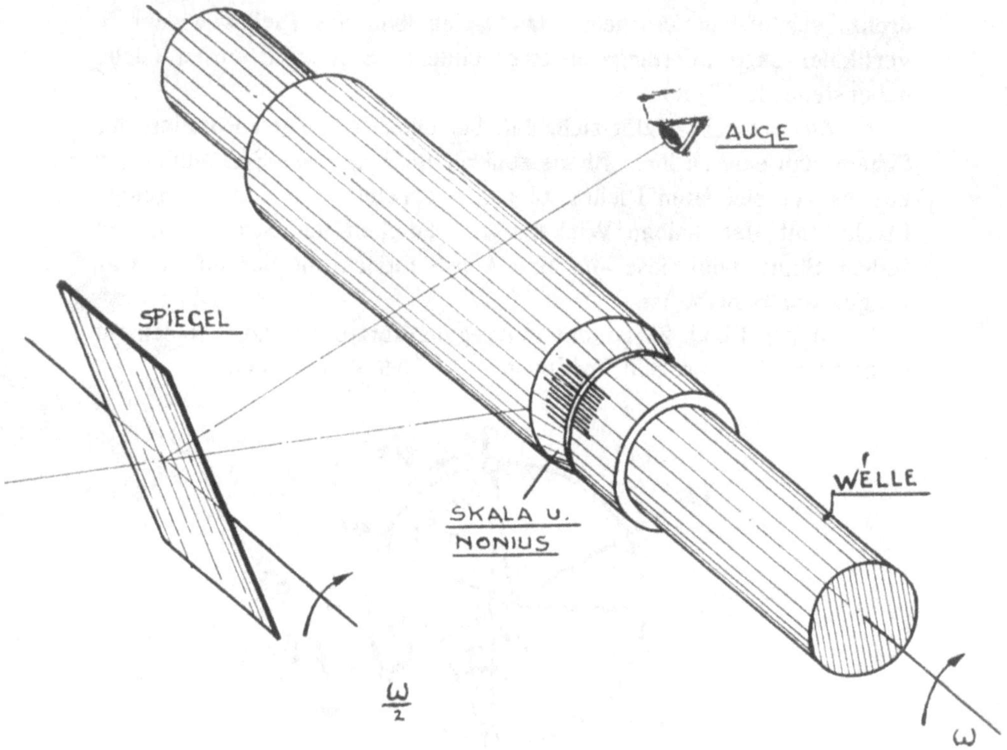

Fig. 27.

Rotation zu versetzen, wodurch alsdann ermöglicht wird, die Verdrehungsskala, ungehindert der Rotation der Welle, abzulesen.

In ganz analoger Weise wie bei der oben beschriebenen Spiegelanordnung kann die Ablesung der Verdrehungsskala mittelst eines rotierenden Inversions- oder total reflektierenden Prismas erfolgen. In diesem Falle übernimmt die Hypotenusenfläche des Prismas die Funktion des Spiegels.

Fig. 28 zeigt den Strahlenverlauf eines solchen Prismas. Fig. 29 zeigt die Anwendung des Prismas bei der Verdrehungsmessung.

Beide der beschriebenen optischen Methoden gestatten natürlich, insofern die Lage der Rotationsachse des rotierenden Spiegels oder des Prismas gegenüber der Welle dieselbe bleibt, nur, wie leicht ersichtlich, die Ablesung eines ganz bestimmten Wertes des Verdrehungswinkels.

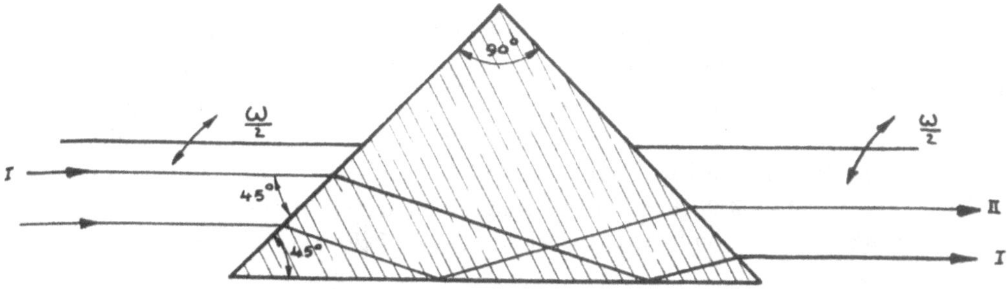

Fig. 28.

Durch Anwendung eines Differentialgetriebes, welches die gegenseitige Lage der Welle und des rotierenden Spiegels oder Prismas langsam und selbsttätig verändert, kann man es leicht dahin

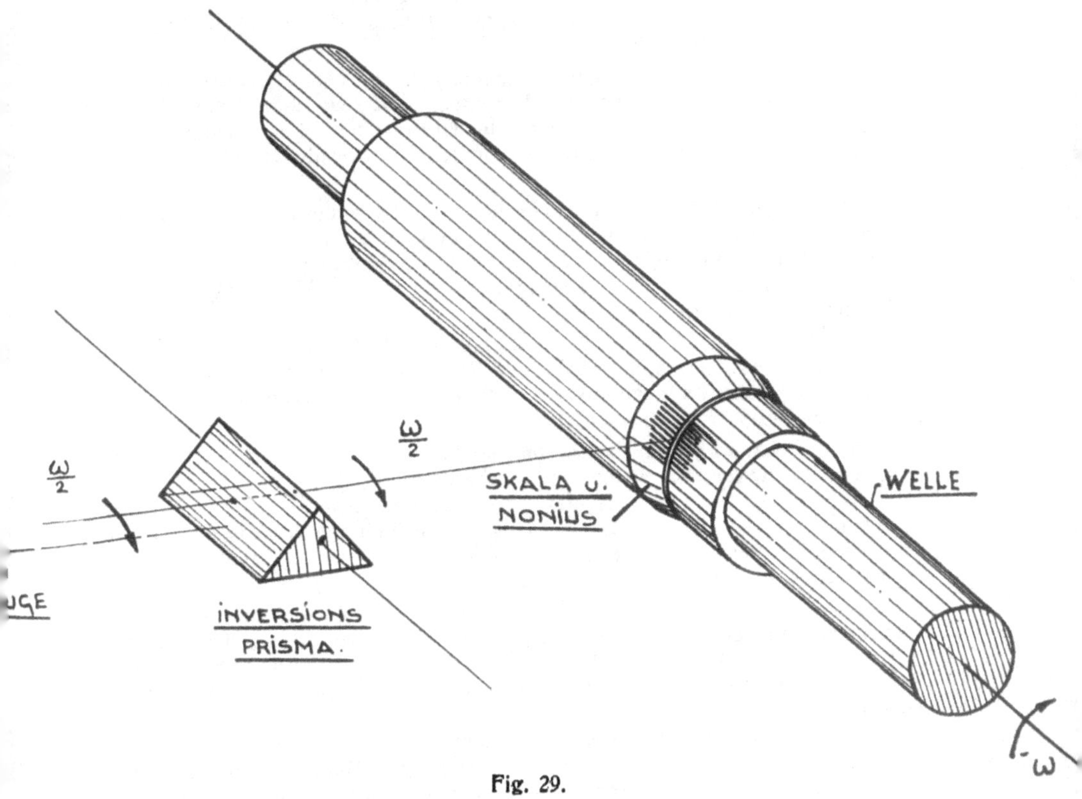

Fig. 29.

bringen, daß Ablesungen an jeder Stelle einer Umdrehung vorgenommen werden können (vergl. Fußnote 17, S. 99).

Die Hauptbedeutung der beschriebenen Methoden ist in ihrer überaus großen Einfachheit zu erblicken. (Vergl. Fußnote 8.)

Überhaupt ist die ganze in diesen Fällen zur Verdrehungsmessung benötigte Apparatur die denkbar einfachste; zudem sind die Fehlerquellen auf ein Minimum herabgesetzt, da eigentliche Fehler, vorausgestzt, daß der optische Teil richtig funktioniert, nur von der Verdrehungsskala herrühren können, und da diese eine sehr einfache Form hat, so sind durch diese erzeugte Fehler wohl ziemlich ausgeschlossen.[2])

---

[2]) Die Prismenanordnung hat wohl zuerst Lord Rayleigh getroffen. Er benutze dieselbe bei Versuchen über optische Farbenmischung (siehe Reprint Optical Papers, Lord Rayleigh, 1883 u. Nature Vol. XXV, 1881 p. 66).

Jervis-Smith hat die Prismenanordnung, jedoch ohne Kenntnis der Arbeiten von Rayleigh, zur Verdrehungsmessung herangezogen und so wohl zuerst in der Technik praktisch verwertet (s. a. a. O. Literatur u. Engineering, May 1. 1896, p. 590. Er hat seine Anordnung mit dem Namen Rotostat bezeichnet. Jervis-Smith's Arbeiten werden demnächst in einem Buche über Dynamometer Aufnahme finden).

Es ist vielleicht nicht uninteressant, hier zu bemerken, daß in den 90er Jahren auf den Straßen von Paris ein Spielzeug zum Verkaufe angeboten wurde, welches aus einem kleinen in einer Röhre eingekitteten Prisma bestand. Röhre und Prisma konnten in schnelle Rotation vesetzt werden.

Das niedliche Spielzeug suchte den Kleinen dadurch eine besondere Freude zu verursachen, daß die Oberfläche, beispielsweise einer Tasse Kaffee, die durch Umrühren mittels eines Teelöffels in Rotation versetzt worden war, wenn, unter besonderen Bedingungen durch das Rohr betrachtet, in vollkommener Ruhe zu verharren schien.

Es war hierzu nur nötig, das Rohr mit seinem Prisma in entsprechende Rotation zu versetzen und dabei dem Rohr gegenüber dem Flüssigkeitsspiegel eine solche Lage zu geben, daß diese, durch das Rohr betrachtet, vollkommen stillzustehen schien.

Man behauptet, daß dieses unscheinbare Spielzeug den Anstoß zum Gebrauch des Inversionsprismas in der Technik gegeben hat.

Wenn auch das Prisma des beschriebenen Spielzeuges nicht einen brechenden Winkel von 90 Gr. aufwies, so ist ihm die praktische Lösung der Aufgabe, eine rotierende Bewegung virtuell aufzuheben, nicht abzusprechen.

Es ist wohl unnötig, hier noch hinzuzufügen, daß die oben beschriebenen optischen Methoden überall da Anwendung finden können, wo es sich darum handelt. an rund laufenden Apparaten, wie sie beispielsweise in der Aerodynamik Verwendung finden, von außen, ungehindert der Rotation, Ablesungen vorzunehmen.

Aber noch ein besonderes Anwendungsgebiet steht diesen Methoden offen, das ist ihre Verwendung zur Messung der Deformationen an rund laufenden Maschinenteilen (Schwungradarme oder -Kränze usw.), einerseits,

Im übrigen sei hier auf die nun folgende Beschreibung einer anderen Anordnung von Jervis-Smith die auch unabhängig von diesem durch Amsler erfunden wurde, verwiesen.

Anordnung von Amsler und Jervis-Smith.[3])

Amsler, der bekannte Erfinder des nach ihm benannten Polarplanimeters, sowie Jervis-Smith, haben die Aufgabe, den Verdrehungswinkel einer rotierenden Welle von außen abzulesen, auf folgende Weise gelöst.

W (Fig. 30) sei eine Welle, an der der Verdrehungswinkel bestimmt werden soll; in *A* ist eine die Welle umgebende Hülse *H* mit derselben durch Schrauben starr verbunden; diese Hülse ist an ihrem anderen Ende *B* mit einem Nonius *N* versehen, während die Welle bei *B* mit einer in Grade oder Bogenlängen geteilten Skala *S* versehen ist.

Wird auf die Welle im ruhenden Zustande eine Verdrehung ausgeübt, so ist die Größe derselben ohne weiteres bei *B* mittelst der dort angebrachten Skala *S* und dem Nonius *N* festzustellen.

Durch einfache Belastung im Ruhezustand kann hier also die Abhängigkeit des Verdrehungswinkels von der Größe des angreifenden Momentes leicht bestimmt werden.

Rotiert die Welle, so wird es eine gewisse Umdrehungszahl pro Minute geben, bei der die Ablesung der Verdrehungsskala von

---

um deren Festigkeitseigenschaften zu prüfen, andererseits, um aus den Deformationen rückwärts auf die übertragenen Kräfte zu schließen.

Es ist hier besonders an solche Untersuchungen gedacht, wie sie z. B. von N. N. in Versuchen über Formänderungen von rotierenden Rädern, Dinglers Polyt. Journal 1905 S. 113f. beschrieben sind. Siehe auch Benjamin, Trans. Am. Soc. Mechanical Engineers 1899, Vol XX p. 209 u Barraclough, Proc. Inst. Civil Engineers, Vol. CL Part IV.

Man sieht hier so recht, wie durch einfache Analogie ein nichtssagendes Spielzeug zu fruchtbringenden Anwendungen führen kann.

Ist es mit den Kreiseln und Gyrostaten nicht ähnlich gewesen? Wurden diese vor Jahren nicht als rein physikalische Spielzeuge — materialisierte mechanische Paradoxe — betrachtet? Und doch denkt man heute in verschiedenen Ländern, ohne die anderen fruchtbaren Anwendungen des Kreisels zu erwähnen, ernstlich daran, labil unterstützte Einschienenwagen mit deren Hülfe zu stabilisieren!

[3]) Jervis-Smith a. a. O.

Gibson, Torsion-Meters, as applied to the Measurement of the Horse-Power of Marine Steam Turbines.

Proc. North East Coast Inst. of Eng. and Shipbuilders, Newcastle-upon-Tyne, Jan. 24. 1908 Vol. XXIV Plate XVII.

Bulletin de la Société d'encouragement pour l'industrie nationale, Février 1908.

Revue de Mécanique: Tome XXVI No. 2 1910, p. 165.

außen nicht mehr mit Sicherheit oder überhaupt nicht mehr vorgenommen werden kann.

Amsler hat, um die Ablesung dennoch zu ermöglichen, wie Jervis-Smith, die Trägheit des Auges in der Aufnahme schnell aufeinander folgender Lichteffekte dazu benutzt, die Verdrehungsskala bei beliebiger Umdrehungszahl ablesbar zu gestalten; die Lichtempfindung überdauert die wirkliche Einwirkung des Lichtes um 0,18 bis 0,3 Sek. durchschnittlich.

Er ordnet zu diesem Zwecke eine Kontaktvorrichtung *K* auf der Welle so an, daß kurz vor dem Augenblick, in dem die Ver-

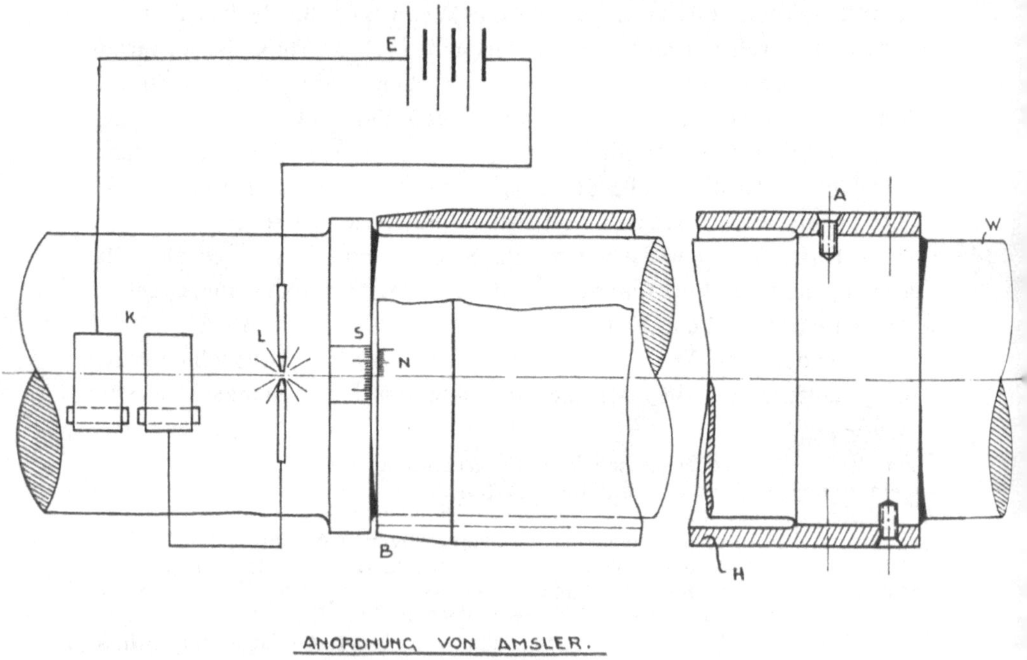

Fig. 30.

drehungsskala sich gerade dem Auge des Beobachters gegenüber befindet, ein grelles Licht von einer Lichtquelle *L* (durch Stromquelle *E* gespeist) auf die Verdrehungsskala fällt.

Die schnell aufeinander folgenden scharfen Beleuchtungen der Verdrehungsskala haben dann zur Ursache, daß die Verdrehungsskala dem Beobachter zu ruhen scheint, so daß er sofort die entsprechenden Ablesungen vornehmen kann, obwohl die Welle mit beliebiger Umdrehungszahl läuft.

Bedingung der Ausführkeit ist selbstverständlich die, daß die ganze Versuchsanordnung sich in verdunkeltem Raume befindet.

Bei dieser Anordnung wäre man nur imstande, den Verdrehungswinkel der Welle an einer Stelle der Umdrehung zu messen, nämlich an der Stelle, wo die momentane Beleuchtung der Verdrehungsskala eintritt, daß heißt also nach dem Vorhergehenden, an einer Stelle, die gegen die Kontaktstelle ein wenig zurück ist, und zwar um soviel, wie der Trägheit der Lichtquelle entspricht.

Tritt die Beleuchtung der Verdrehungsskala sofort mit jedem Kontaktmachen an der Welle ein, so entspricht die Ablesung der Verdrehungsskala natürlich dem Verdrehungswinkel, welcher an der Stelle der Umdrehung stattfindet, wo sich der Beleuchtungskontakt befindet.

Der Umstand, daß das Leuchten der Lichtquelle nicht direkt in demselben Augenblicke erfolgt, in dem an der Welle Kontakt gemacht wird, sondern erst kurz darauf, kann in solchen Fällen, wo es sich darum handelt, genau zu wissen, welcher Zusammenhang zwischen gemessenem Verdrehungswinkel und der momentanen Stellung der Antriebsmaschine besteht, störend und fehlerbringend empfunden werden.

Jedoch wird in solchen Fällen wohl ohne Ausnahme der ganze Verlauf des Verdrehungswinkels während der Umdrehung verlangt, da es sich hier meist darum handelt, das Tangentialdruck- oder Drehkraftdiagramm der Arbeitsmaschine[4]) mit dem aus der Verdrehungsmessung[5]) gewonnenen zu vergleichen.

Da die Aufnahme dieser Drehkraftdiagramme in der Technik von Bedeutung ist, so müssen wir versuchen, die Anordnung, welche Amsler getroffen hat, so umzubilden, daß sie den in diesen Fällen gestellten Bedingungen genügt.

Es erscheint eine Verfolgung der Sache in obigem Sinne umsomehr berechtigt, da die Amsler'sche Anordnung an und für sich eine recht einfache und natürliche ist, so daß eine Erweiterung oder Umgestaltung derselben, um sie der praktischen Verwendung besser und weitgehender zugänglich zu machen, wohl als wünschenswert erscheint.

Was die Einfacheit anbelangt, so gilt das Gesagte besonders von der Verdrehungsanzeige, die eigentlich nur aus der die Welle

---

[4]) Gleichbedeutend mit indiziertem Drehkraft- oder Tangentialdruck-Diagramm.

[5]) Effektives Drehkraftdiagramm.

umgebenden Hülse[6]) mit Nonius besteht, es fehlen also alle Vergrößerungshebel,[7]) Scheiben etc., welche zu Massenschwingungen, totem Gang usw. und dadurch Anlaß zu falschen Anzeigen und Fehlern[8]) geben können.

Fragen wir uns, was wir zu diesem Zwecke der Verbesserung zu tun haben, oder welcher Art die gestellten Bedingungen sind, so müssen wir uns sagen, daß es sich besonders um folgendes handelt:

1. Die Notwendigkeit, den Raum, in dem die Verdrehungsmessung vorgenommen wird, zu verdunkeln, muß beseitigt werden; (dieses ist für die praktische Ausführung von erster Bedeutung);

2. die Trägheit der Beleuchtung der Verdrehungsskala muß möglichst beseitigt werden, d. h. es ist eine Anordnung zu treffen, bei der das Kontaktmachen und Aufleuchten der Lichtquelle in der Zeit identisch sind;

3. es muß ermöglicht werden, an der Verdrehungsskala beliebig viele, verschiedenen Stellen der Umdrehung entsprechende, Ablesungen machen zu können;

4. durch zweckmäßige Verbindung von 1 bis 3 muß erstrebt werden, daß die Anzeigen der Verdrehungsskala für verschiedene

---

[6]) Die Hülse kann ihrer Anordnung entsprechend sehr leicht ausgeführt werden, besonders, da sie keine Scheiben oder Hebel usw. zu tragen noch Kräfte zu übermitteln hat.

Sie wird zweckmäßig zweiteilig in Aluminium ausgeführt und nicht direkt mit der Welle befestigt, sondern vermittelst Stellringe von besonderer Bohrung an die Welle festgeklemmt, um die Möglichkeit ihrer anderweitigen Verwendung zu sichern.

[7]) Ist man in der Länge des für die Verdrehungsmessung zur Verfügung stehenden Wellenstückes beschränkt, so daß die Anzeigen der Verdrehungsskala sehr gering sind, so kann man sich am einfachsten dadurch helfen, daß man der Skala und dem Nonius eine entsprechend geringe Teilung gibt und die Ablesung mittelst einer Linsenanordnung oder kleinem Mikroskop vornimmt

Die Genauigkeit der Messungen kann auf diese Art beliebig hoch getrieben werden, insofern ihr durch Ausführungsfehler usw. keine Grenzen gesteckt sind.

[8]) Besonders beachtenswert ist, daß bei dieser Anordnung Fehler, die sich über die ganze Skala erstrecken, ausgeschlossen sind, da jede Ablesung für sich direkt in absoluter Größe erfolgt.

Der Vorgang ist etwa folgender: Man läßt die Welle unbelastet laufen und sieht, ob die Skala auf Null steht; ist dies nicht der Fall, so kann eine entsprechende Einstellung vorgenommen werden; sie ist aber nicht nötig; man notiert sich einfach die Skalenanzeige für nichtbelastete Welle und zieht diese nachher von der bei irgend einer Belastung festgestellten Anzeige ab. (Genau so, wie dies beim Planimetrieren gemacht wird, wobei das Zurüchstellen des Planimeters auf Null höchstens als lästig und sehr zeitraubend empfunden wird). Die Leerlaufstellung läßt sich, wie ersichtlich, jederzeit leicht kontrollieren.

Stellen der Umdrehung in Abhängigkeit der korrespondierenden Stellungen der Antriebsmschine registriert werden können.

Schließlich kann es sich noch darum handeln, die Ablesung der Verdrehungsskala aus der Ferne zu ermöglichen.

Das Maß, in dem es uns gelingen wird, durch Verbesserungen der beschriebenen Anordnung von Amsler den oben aufgezählten Bedingungen mehr oder weniger zu genügen, wird für ihre praktische Anwendbarkeit von Fall zu Fall entscheiden müssen.

Kommen wir zur Forderung 1, die Notwendigkeit, den Raum, indem die Verdrehungsmessung vorgenommen wird, zu verdunkeln, zu beseitigen.

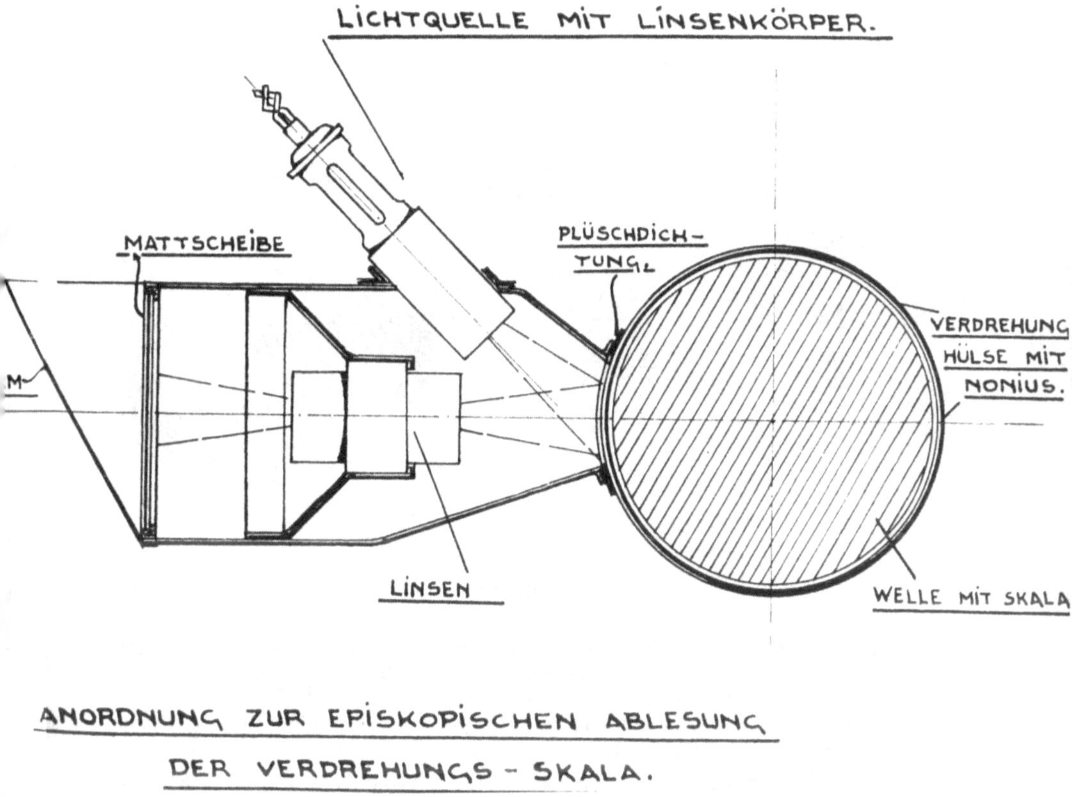

Fig. 32.

Diese Notwendigkeit wird sich leicht dadurch umgehen lassen, daß die Lichtquelle von einem lichtdichten undurchsichtigen Kasten [9])

---

[9]) Dieser kann aus einem einfachen innen geschwärzten Holz- oder Aluminiumblechkasten bestehen oder besser noch einem photographischen

umschlossen wird, der an seinem Ende bei entsprechender Formgebung, gegen den Teil der Welle, an der sich die Verdrehungsskala befindet, lichtdicht abschließt, ohne die Welle hierbei in ihrer Bewegung zu behindern, während er am anderen Ende mit einer Beobachtungsöffnung versehen wird.[10]) Fig. 32, 33.

Der Forderung 1 wird also leicht genügt werden können.

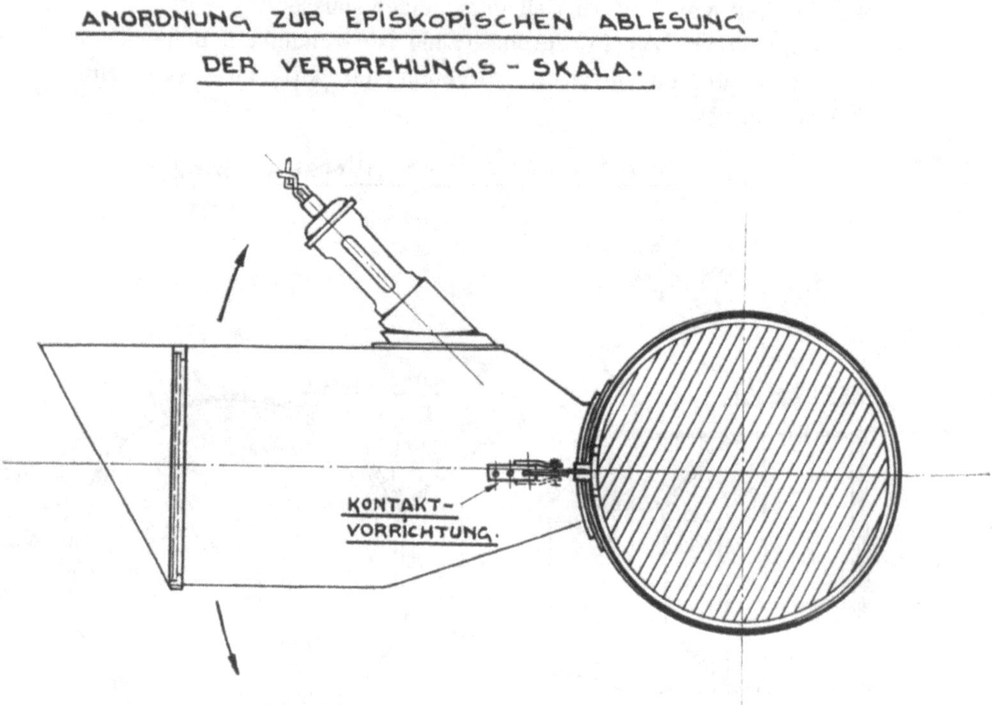

Fig. 33.

Apparat mit Balg usw. ähnlich konstruiert sein, nur daß die Mattscheibe fehlt. An ihrer Stelle erhält der Apparat eine dem Wellendurchmesser entsprechende Aussparung, die mit rotem Plüsch bekleidet wird, um einen lichtdichten Abschluß gegen die Welle zu sichern. Die Einführung der Lichtquelle und deren Aufhängung bieten keine Schwierigkeiten.

[10]) Die Beobachtungsöffnung erhält zweckmäßig die Linsen- oder Mikroskopanordnung zur Ablesung der Verdrehungsskala.

Auch ist es leicht möglich, an ihrer Stelle eine Mattscheibe anzubringen, und die Skala episkopisch auf diese zu projizieren.

Dieses hat den Vorteil, daß man die Skala stark vergrößert stets vor Augen hat.

Für Demonstrationszwecke bildet man den Kasten direkt als Episkop aus und kann dann die Verdrehungsskala auf einen Schirm werfen usw.

Wir kommen damit zur Forderung 2, die Trägheit der Lichtquelle möglichst zu beseitigen, d. h. eine Anordnung zu treffen, bei der das Kontaktmachen und Aufleuchten der Lichtquelle in der Zeit identisch sind.

Ehe wir es versuchen, diesen Synchronismus zwischen Kontaktvorrichtung und Lichtquelle zu erreichen, wird es zuerst zweckmäßig sein, sich zu fragen, welcher Zusammenhang zwischen Kontaktvorrichtung und Lichtquelle bestehen soll, d. h. soll der Kontaktmacher in einem Stromkreise liegen, so daß der die Lichtquelle speisende Strom erst beim Kontaktmachen durch ihn hindurchfließt, und so die Lichtquelle nur zeitweilig zum Aufleuchten bringt, oder soll die Lichtquelle fortwährend in voller Stärke vorhanden sein, aber nur bei Betätigung der Kontaktvorrichtung zur Wirkung kommen.

Ist das erstere der Fall, d. h. wirkt die Kontaktvorrichtung direkt auf die Lichtquelle ein, so muß eine Lichtquelle zur Verwendung gelangen, welche beim Schließen ihres Stromkreises möglichst momentan voll zur Wirkung kommt, und bei der Öffnung desselben ebenso schnell wieder erlischt.[11])

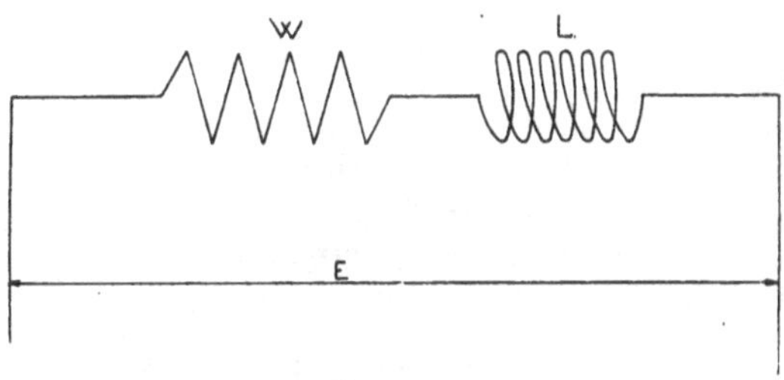

Fig. 31.

[11]) Um einen Anhalt dafür zu bekommen, welche Faktoren für das schnelle Aufkommen des Stromes maßgebend sind, stellen wir die folgenden Betrachtungen an:

In nebenstehender Figur sei ein Stromkreis skizziert, welcher einen konstanten Widerstand W und eine konstante Selbstinduktion L enthalte.

Der Kreis werde plötzlich an eine konstante Spannung E gelegt; wir legen uns folgende Frage vor: Wieviel Sekunden nach dem Schließen des Stromkreises wird der darin fließende Strom seine normale Stärke $I = E/W$ erlangt haben, d. h. wie lange wird es dauern, bis der Trägheitseffekt der Selbstinduktion überwunden ist; und umgekehrt, wenn im Stromkreis der normale Strom $I = E/W$ vorhanden ist: Wieviel Sekunden nach dem Öffnen des Stromkreises wird dieser wieder stromlos sein.

Unsere Bedingung für das Zustandekommen eines Stromes in unserem Stromkreise ist die folgende:

Angelegte Spannung E muß der Selbstinduktionsspannung $L \frac{di}{dt}$ und der Ohmschen Spannung Wi das Gleichgewicht halten. Oder symbolisch ausgedrückt:

$$L \frac{di}{dt} + Wi = E \tag{1}$$

Diese nicht homogene lineare Differentialgleichung ersten Grades mit konstanten Koeffizienten, wie die Mathematiker die Gleichung 1 bezeichnen, lösen wir am besten wie folgt, so daß sie die Lösungen zu unseren Fragen zusammen enthält:

Wir differenzieren 1 und erhalten

$$L \frac{d^2 i}{dt^2} + W \frac{di}{dt} = \frac{dE}{dt} = 0$$

oder

$$\frac{d^2 i}{dt^2} + \frac{W}{L} \frac{di}{dt} = 0 \tag{2}$$

Setzten wir $i = Ne^{mt}$ so erhalten wir nach entsprechendem Differenzieren und Einsetzen in 2 die Bedingungsgleichung: (e = Basis der natürlichen Logarithmen = 2,718 .....)

$$m^2 + \frac{W}{L} m = m \left(m + \frac{W}{L}\right) = 0$$

welche die zwei Wurzeln ergibt:

$$m_1 = 0 \quad m_2 = -\frac{W}{L}$$

Das allgemeine Integral von 2 ist also:

$$i = Ae^{m_1 t} + Be^{m_2 t}$$

$$= A + Be^{-\frac{W}{L} t} \tag{3}$$

Die Konstanten A und B bestimmen sich aus den Anfangsbedingungen. Beim Schließen des Stromkreises ist der Strom $i = 0$ zur Zeit $t = 0$.

Wir erhalten aus 3 unter diesen Bedingungen:

$$0 = A + B \text{ also } A = -B. \tag{4}$$

Um A und B näher zu bestimmen, differenzieren wir 3 und führen dies in die ursprüngliche Gleichung 1 ein; das ergibt:

$$L\left(-\frac{W}{L} Be^{-\frac{Wt}{L}}\right) + W\left(A + Be^{-\frac{Wt}{L}}\right) = E$$

$$-WBe^{-\frac{Wt}{L}} + WBe^{-\frac{Wt}{L}} + WA = E$$

$$A = \frac{E}{W} \tag{5}$$

und aus 4:

$$B = \frac{-E}{W}$$

Mit Beachtung von 4 und 5 erhalten wir aus 3:

$$i = \frac{E}{W} - \frac{E}{W} e^{-\frac{Wt}{L}}$$

$$= \frac{E}{W}\left(1 - e^{-\frac{Wt}{L}}\right) \tag{6}$$

Formel 6 gibt uns den Verlauf des Stromes beim Schließen des Stromkreises.

Setzen wir $t = \frac{L}{W}$ in 6 ein, so erhalten wir

$$i = \frac{E}{W}(1 - e^{-1}) = \frac{E}{W}\left(1 - \frac{1}{e}\right) = \frac{E}{W}\left(\frac{e-1}{e}\right) \tag{7}$$

$$\frac{e-1}{e} = 0{,}634$$

L/W wird als die Zeitkonstante bezeichnet; sie gibt an, wieviel Sekunden nach dem Schließen des Stromkreises der Strom zu einem Werte 0,634 seines normalen E/W-Wertes angewachsen ist.

Um die Antwort auf unsere zweite Frage zu erhalten, nämlich wieviel Sekunden vergehen müssen, bis der Stromkreis stromlos wird, nachdem wir ihn geöffnet haben, wenden wir die entsprechenden Bedingungen auf Gleichung 3 an.

In dem Augenblicke. in dem der Stromkreis unterbrochen wird, fließt der normale Strom $i = E/W$, und die Zeit ist $t = 0$.

Setzen wir diese Werte in Gl. 3 ein, so erhalten wir:

$$\frac{E}{W} = A + B \tag{8}$$

Um A und B näher zu bestimmen, differenzieren wir 3 und setzen wieder in die ursprüngliche Gleichung 1 ein; nur müssen wir jetzt beobachten, daß beim Öffnen des Stromkreises keine Spannung mehr an denselben gelegt ist. Wir müssen also in 1 die konstante Spannung $E = 0$ setzen.

Wir haben also:

$$L\left(-\frac{W}{L}Be^{-\frac{Wt}{L}}\right) + W\left(A + Be^{-\frac{Wt}{L}}\right) = 0$$

$$\text{oder } WA = 0 \text{ d. h. } A = 0$$

$$\text{und aus 8) } B = \frac{E}{W} \tag{9}$$

Mit Beachtung von 9 erhalten wir dann aus 3

$$i = \frac{E}{W} e^{-\frac{W}{L}t} \tag{10}$$

Diese Gleichung 10 gibt uns den Verlauf des Öffnungsstromes. Wir setzen in 10 $t = L/W$, so erhalten wir:

$$i = \frac{E}{W} e^{-1} = \frac{E}{W} \cdot \frac{1}{e}$$

$$\frac{1}{e} = 0{,}366$$

In diesem Falle gibt L/W also die Zeit in Sekunden an, die nach dem Öffnen des Stromkreises vergehen muß, bis der Strom auf den Wert 0,366 seines normalen Wertes gefallen ist.

Der Widerstand W wird jedoch beim Öffnen unbestimmbar, (Widerstand einer Funkenstrecke kann beliebigen Wert annehmen), infolgedessen wird die Rechnung für den Stromverlauf beim Öffnen unbestimmt.

Aus Gleichung 6 und 10 sieht man, daß die normalen Verhältnisse theoretisch erst nach unendlich langer Zeit eintreten (der Stromverlauf nähert sich asymptotisch dem Normalwert); praktisch verhält sich die Sache so, daß, je größer W im Vergleich zu L, also je kleiner die Zeitkonstante L/W, desto schneller strebt der Wert von $e^{-\frac{W}{L}t}$ der Grenze 0 zu. (Dieses sieht man auch sofort, wenn $e^{-\frac{W}{L}t}$ in eine Reihe entwickelt wird), und dementsprechend kommt er dann bei kleiner Zeitkonstante seinem

Als für diesen Zweck geeignet erscheinen elektrische Entladungen oder Funken.[12])

Die Anwendung von Fadenlampen oder ähnlichen Konstruktionen ist hier fast ausgeschlossen, da für das schnelle Zustandekommen des Stromes eine sehr kleine Zeitkonstante erforderlich ist, d. h. der Stromkreis muß hohen Widerstand und geringe Selbstinduktion haben (siehe Fußnote 11).

Zudem ist immer eine gewisse Zeit nötig, Metall- oder Kohlenfäden zum vollen Glühen zu bringen usw.

Haben wir es dagegen mit der indirekten Einwirkung des Kontaktes auf die Lichtquelle zu tun, d. h. wird die Lichtquelle zeitweilig abgeblendet, z. B. durch einen elektromagnetisch betätigten Schlitz, so kann eine beliebige Lichtquelle benutzt werden, nur ist zu beachten, daß Faden-, Nernst- oder ähnliche Lampen meist mit der Zeit sich sehr stark erwärmen und, wenn eng eingeschlossen, ihre Ummantelung entzünden oder sonst durch zu starke Wärmeentwickelung schädigen können. Es scheint daher sehr angebracht, Quecksilberdampflampen oder Lampen ähnlicher Konstruktion zu verwenden, wo die starke Wärmeentwickelung anderer Lampen als störend empfunden werden könnte, da die genannten Konstruktionen diesen Nachteil der starken Wärmeentwicklung nicht besitzen.

Wie wir sehe, bietet die Beschaffung einer Lichtquelle für die indirekte Beleuchtung der Verdrehungsskala keine besonderen Schwierigkeiten; es würde sich jetzt noch darum handeln, eine An-

---

normalen Wert E/W beim Schließen oder Null beim Öffnen des Stromkreises schon nach sehr geringer Zeit unendlich nahe.

(Ähnliche Verhältnisse herrschen bei der überaperiodischen Bewegung, bei der ein Körper, nachdem er aus seiner Gleichgewichtslage abgelenkt wird, theoretisch erst nach unendlich langer Zeit in diese zurückkehrt ohne zu schwingen.)

Aus Obigem folgt für uns ohne weiteres, daß, um möglichst momentanes Anwachsen oder Abklingen des Stromes zu erreichen, wir die Selbstinduktion möglichst vermeiden müssen oder herunterdrücken, dagegen danach trachten müssen, den Widerstand möglichst hoch im Verhältnis zu ersterer zu treiben.

Dieses ist auch eine der Grundregeln bei der Konstruktion schnell reagierender Apparate, wie Chronographen, Telephone, Relays usw. und von besonderer Bedeutung für die elektrischen Methoden der Verdrehungsmessung.

[12]) Hier könnten Vakuum- oder Geißlersche Röhren auch in Betracht kommen, da dieselben, genügend hohe Spannung vorausgesetzt, fast ohne Trägheit auf das Öffnen und Schließen ihres Stromkreises reagieren.

Das einzige, was einer Anwendung dieser Röhren in obigem Falle entgegensprechen könnte, wäre ihre geringe Leuchtfähigkeit; es erscheint jedoch nicht unmöglich, diese durch Anwendung von sogenannten Tesla-Strömen erheblich zu verstärken.

ordnung zu treffen, bei der diese Beleuchtung ohne Trägheit gesteuert werden könnte.

Die oben angedeutete Abblendung des Lichtes durch einen mittels Elektromagneten betätigten Schlitz erscheint unvorteilhaft, da durch Anwendung des Elektromagneten eine Drahtspule mit Eisen in den Kontaktstromkreis gebracht wird, also hohe schädliche Selbstinduktion.

Die folgende Anordnung erscheint vorteilhafter, zumal von einer eigentlichen Trägheit bei ihr nicht die Rege sein kann, Fig. 34.

Ein von der Lichtquelle ausgehender Lichtstrahl wird durch einen dünnen Kupfer- oder Aluminiumblechstreifen, der zwischen den Polen eines kräftigen Elektromagneten mit seiner Fläche rechtwinklig zum Lichtstrahl eingespannt ist, verlöscht.

Fließt ein Strom durch diesen Streifen, so sucht er sich aus

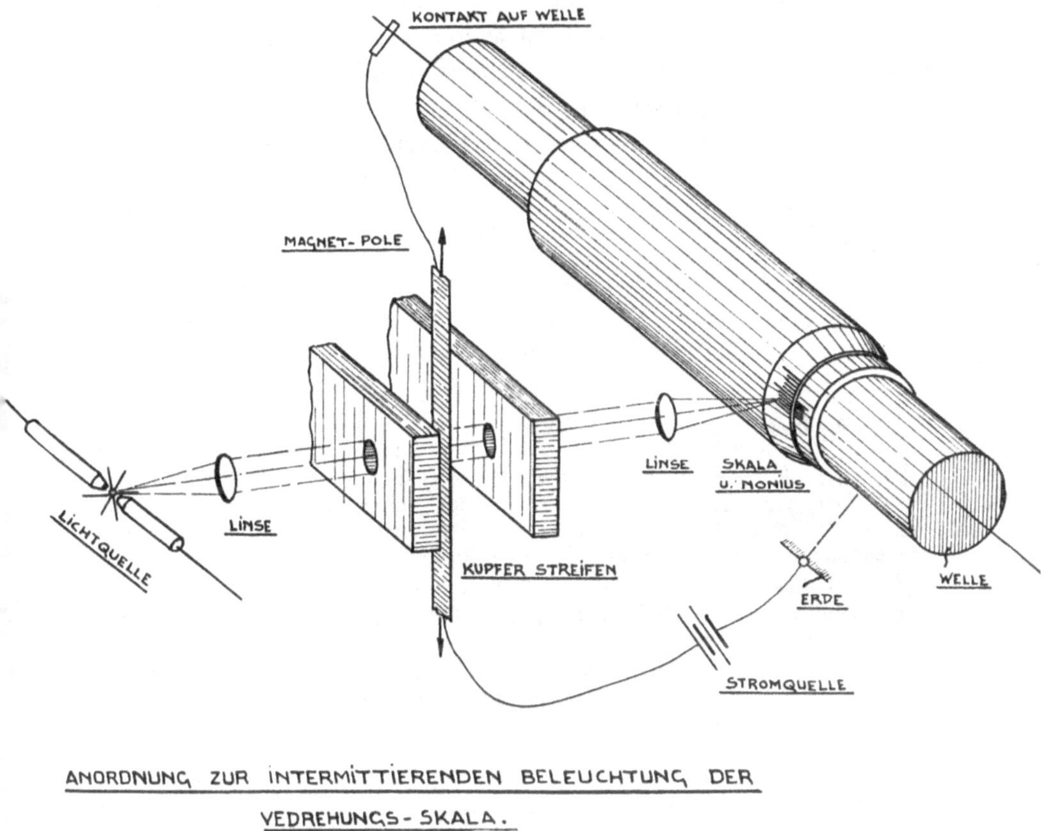

ANORDNUNG ZUR INTERMITTIERENDEN BELEUCHTUNG DER VEDREHUNGS-SKALA.

Fig. 34.

dem Magneten herauszuwinden[13]), hierbei gibt er den Lichtstrahl wieder frei.

Ein nicht zu unterschätzender Vorteil einer solchen Anordnung ist der, daß, genügende Einspannung des Streifens und entsprechend kräftiges Magnetfeld vorausgesetzt, der allergeringste Strom dazu genügt, den Streifen ohne merkliche Trägheit[14]) zu verwinden.

In etwas komischem Kontrast zu dieser hohen Reaktionsempfindlichkeit steht die sich aus der einfachen Konstruktion ergebende weitgehende Unempfindlichkeit der Anordnung gegen unvorsichtige Behandlung usw.

Eine Anordnung, bei der selbst von einer Trägheit nicht mehr die Rede sein kann, läßt sich auf dem Wege der magnetischen[15]) oder elektrostatischen[16]) Drehung der Polarisationsebene des Lichtes erreichen.

Für den vorliegenden Zweck erscheint eine Anwendung der elektrostatischen Drehung der Polarisationsebene des Lichtes vorteilhafter als die magnetische, da letztere stets eine gewisse Selbstinduktion durch die zu ihrer Ausführung nötigen Spulen bedingt.

Die Versuchsanordnung wäre hierzu etwa so zu treffen, daß der von einer starken konstanten Lichtquelle kommende polarisierte Lichtstrahl eben ausgelöscht ist und erst beim Kontaktmachen voll auf die Verdrehungsskala fällt, und diese für die Kontaktdauer beleuchtet.

Soweit für die Forderung 2, der wir, insofern eine Unsicherheit der Kontaktvorrichtung nicht vorliegt, nach unseren obigen Erörterungen vollauf genügen können.

---

[13]) Folgt nach dem Lenzschen Gesetz.

Ein sehr interessantes Beispiel einer ähnlichen Erscheinung findet sich bei Lodge a. a. O. p. 165 oder Silvanus Thompson, Phil. Mag.

Dort wird gezeigt, wie ein Strahl einer leitenden Flüssigkeit, der von einem Pol eines kräftigen Elektromagneten zum anderen übergeht, beim Stromführen eine Schrauben- oder Spiralform annimmt.

[14]) Siehe z. B. Nadel- und Bifilare Oscillographen, Orlich a. a. O. von Blondel oder Duddell, oder Duddell, Electrician 97 p. 636 und Journal Inst. E. Engineers 99 p. 1.

[15]) Bringt man durchsichtige Substanzen entweder in das magnetische Feld eines Solenoiden oder zwischen die Pole eines Magneten und läßt in der Richtung der Kraftlinien polarisiertes Licht hindurchgehen, so wird die Polarisationsebene gedreht (Faraday 1846).

[16]) Das unter 15 Gesagte gilt ebenso für das zwischen zwei Kondensatorplatten erzeugte elektrostatische Feld. Die Größe der Drehung der Polarisationsebene nimmt hier mit dem Quadrat des Potenzialunterschiedes zwischen den beiden Platten zu (Kerr 1875).

Es wird gut sein, hier noch kurz etwaige Fehler der Kontaktvorrichtung anzuführen, deren anstandsloses Funktionieren wir oben stillschweigend vorausgesetzt haben.

Die Unsicherheit der gewöhnlichen Schleif- und Bürstenkontakte liegt meistens darin, daß man nicht genau angeben kann, in welchem Augenblick der Kontakt erfolgt.

Bei sauberer und korrekter Ausführung der Kontakte wird man von dieser Seite nichts zu befürchten haben, besonders wenn die Kontaktstellen nicht unter hoher Spannung stehen.

Es können noch Änderungen oder Abnutzungen der Kontaktstellen selbst eintreten; den hierdurch verursachten Fehlern kann man durch zeitweilige Kontrolle der Kontaktvorrichtung abhelfen.

Wir kommen jetzt zur Forderung 3; es muß ermöglicht werden, an der Verdrehungsskala beliebig viele verschiedenen Stellen der Umdrehung entsprechende Ablesungen zu machen.

Dieser Forderung kann nur teilweise genügt werden.

Ein Weg wäre der, daß nicht eine Verdrehungsskala verwandt würde, sondern daß verschiedene solcher Skalen gleichmäßig am Umfange der Hülse *H*, Fig. 30, angeordnet würden.

Um die Skalen einzeln ablesen zu können, müßten der Stellung jeder Skala entsprechend eine neue Kontaktvorrichtung angeordnet werden.

In dieser Weise wäre es möglich, an einem bestimmten Punkte der Umdrehung die Verdrehung der Welle festzustellen, indem man alle anderen Kontaktvorrichtungen außer Tätigkeit setzte, nur diejenige ausgenommen, welche nach ihrer Anordnung zur Beleuchtung der Verdrehungsskala dient, welche sich an der Stelle befindet, an der die Verdrehung der Welle festgestellt werden soll.

Diese Versuchsanordnung hätte den Vorteil, daß der Beobachter seinen Platz nicht zu ändern brauchte, sie bringt aber den Nachteil mit sich, daß für jeden neuen Punkt der Umdrehung, an dem eine Verdrehungsmessung stattfinden soll, eine neue Skala und eine neue Kontaktvorrichtung angebracht werden muß.

Ein noch größerer Nachteil als der Vorhergehende ist der, daß jede neu angeordnete Skala einen neuen Nullpunkt mit sich bringt.

Zu erwägen wäre auch eine Anordnung, bei der die ganze Verdrehungsskala, d. h. Skala *S* und Nonius *N* einschließlich der Kontaktvorrichtung *K*, Fig. 30, automatisch [17]) gegen die Welle sich um

[17]) Es ist hier an ein Zahnradgetriebe gedacht, wie es beispielsweise zum Nachstellen der Bohrspindel bei Bohrmaschinen oder zum Vorschieben des Schneidkopfes bei Zylinderbohrmaschinen Verwendung findet.

genau gleiche Abschnitte bewegten und so immer neue Stellungen einnähmen.

Zu diesem Zwecke wäre eine Vorrichtung mit zwei einfachen für Nonius und Skala und einem doppelten Planetengetriebe für Kontaktvorrichtung nötig, wie man sich leicht überzeugt, auch wäre die Nullstellung nicht mit Bestimmtheit festgesetzt.

Die letztere Anordnung erscheint aus obigen Gründen nicht praktisch verwendbar.

Wir sehen aus dem Vorhergehenden, daß wir der Forderung 3 in nur sehr beschränktem Maße, oder, wenn auch annähernd, so doch nur durch bedeutende Komplikation der sonst so einfachen Amslerschen Anordnung genügen können; so lange wir verlangen, daß der Beobachter bei den verschiedenen Ablesungen seine Stellung nicht zu ändern braucht, eine Annehmlichkeit, die wohl sehr erwünscht ist.

Nehmen wir dagegen die Unannehmlichkeit, die die Verschiebung des Beobachtungsortes für den Beobachter mit sich bringt, mit in den Kauf, so läßt sich eine ziemlich einfache Anordnung treffen, die der Forderung 3 fast vollkommen genügt.

Bringt man nämlich an dem Beobachtungskasten, Fig. 32, 33, oder Gehäuse den Außenkontakt an, d. h. denjenigen Teil der Kontaktvorrichtung, der sonst der Welle gegenüber fest gelagert ist, und richtet das Gehäuse so ein, daß man es leicht konzentrisch um die Welle drehen kann, so wird man in den Stand gesetzt, an jeder beliebigen Stelle der Umdrehung die nötigen Ablesungen vorzunehmen.[18]).

Auf diese Weise wird es auch nicht schwer fallen, schnell den mittleren Wert der Verdrehung für die Umdrehung festzustellen.

Wir kommen jetzt zur Forderung 4, die die Möglichkeit der Registrierung der Anzeigen der Verdrehungsskala in Abhängigkeit der korrespondierenden Stellungen der Antriebsmaschine verlangt.

Diese Möglichkeit wird sich leicht realisieren lassen, indem man die schon erwähnte Mattscheibe des Beobachtungsgehäuses durch eine photographische Kassette oder durch eine Rolle lichtempfindlichen Papieres ersetzt, und so für jede beliebige Stelle der Umdrehung die Anzeigen der Verdrehungsskala photographiert.

Um scharfe Bilder der Verdrehungsskala zu erzielen, wird

---

[18]) Es ist natürlich nicht unmöglich, optisch das Verfahren so zu gestalten, daß, obwohl der Kasten sich konzentrisch um die Welle bewegt, der Beobachter seine Stellung nicht zu ändern braucht.

es hier angebracht sein, in den Kontaktstromkreis einen von Hand zu betätigenden Taster einzuschalten, der bei jeder Aufnahme kurz niedergedrückt wird, so daß die Verdrehungsskala nur ein oder zweimal nacheinander eine Beleuchtung erfährt.[19])

Beim Einstellen des Apparates findet die Mattscheibe wie gewöhnlich Verwendung, und der Taster bleibt dann während der Zeit des Einstellens niedergedrückt.

Den Zusammenhang zwischen den Stellungen der Antriebsmaschine und den entsprechenden Torsionsmessungen stellt man durch Zeitmarken fest.

Zu diesem Zweck versieht man die Antriebsmaschine mit einer Kontaktvorrichtung, die jedesmal betätigt wird, wenn die Triebwerksteile der Maschine eine bestimmte Stellung einnehmen und zur gleichen Zeit auf dem lichtempfindlichen Papier eine Orienterungsmarke anbringt.

Was die Fernablesung der Verdrehungsskala anbelangt, so sei hier nur erwähnt, daß eine praktische Verwirklichung dieses Gedankens bei dieser Methode der Verdrehungsmessung, sowie bei den anderen optischen Verfahren durchaus nicht ausgeschlossen ist [20]), jedoch stehen uns zu diesen Zwecken einfachere und zweckmäßigere Methoden zur Verfügung, und wollen wir es hier damit bewenden lassen, auf diese an anderer Stelle behandelten Methoden hinzuweisen.

---

[19]) Das Vorschieben des Papiers, die Beleuchtung der Verdrehungsskala usw. kann automatisch erfolgen.

Die Beleuchtung der Skala muß hier besonders geregelt werden, da sonst durch Schwingungen des Apparates die Bilder der Skala doppelt oder verschwommen aufgenommen werden können.

[20]) Im Prinzip kommt hier ein Verfahren in Betracht, welches die Fernübertragung eines reellen oder virtuellen Bildes ermöglicht.

Die Lösung dieser und ähnlicher Aufgaben fällt bekanntlich in das Gebiet der Fernphotographie; hier sei nur darauf hingewiesen, daß es heute möglich ist, mit verhältnismäßig einfachen Apparaten ein beliebiges Bild, ohne daß dasselbe zwecks Uebertragung erst photographiert werden muß, in wenigen Sekunden in die Ferne zu übertragen.

Das übertragene Bild erscheint am anderen Ende allerdings noch in Gestalt einer Photographie.

R. Schönhöfer, Rundschau f. Technik u. Wirtschaft, Prag, Bd. 2. 1909, No. 8.

Ref. E.T.Z. 1910 S. 98.

Fernphotographie (Buch) Dr. Artur Korn, Verlag S. Hirzel in Leipzig.

Eine andere optische Methode, die Verdrehung zu messen.

Im Folgenden soll eine Methode beschrieben werden, die, soweit wie bekannt, zur Verdrehungsmessung noch nicht verwandt worden ist.

Die zu beschreibende Methode dürfte sich jedoch auch zu diesem Zwecke eignen, da sie mit Erfolg von Görges und Weidig [21]) zur Messung der Voreilung parallel arbeitender Wechselstrommaschinen ausgebildet worden ist.

Die Messung einer Ungleichförmigkeit, die ja an sich nur auf die Aufnahme einer bestimmten periodischen Funktion hinausläuft, hat insofern mit der Verdrehungsmessung eine prinzipielle Ähnlichkeit, da bei dieser wie bei jener, die ganze Messung sich darauf beschränkt, festzustellen, um welche Beträge bei der ersteren zwei Maschinen zeitlich von ihrer gemeinsamen mittleren Geschwindigkeit abweichen, bei der zweiten, um wieviel zwei ein und derselben kraftübertragenden Welle angehörigen Querschnitte sich der Zeit nach gegeneinander in parallelen Ebenen verschieben.

Aus dieser Analogie ergibt sich sofort die prinzipielle Möglichkeit, Methoden, welche im allgemeinen dazu dienen, den Ungleichförmigkeitsgrad der Bewegung beliebiger mechanischer Vorrichtungen unter sich zu bestimmen, auch zur Torsionsmessung heranzuziehen.[22])

Die Umkehrung dieser Tatsache ist natürlich ebenso gut möglich.

Nachdem wir Obiges kurz vorausgeschickt, gehen wir zur Beschreibung unserer Methode über.

Statt der Verdrehungshülse, wie sie bei den im Vorhergehenden beschriebenen Verfahren stets zur Anwendung gelangte, kann man auch folgende Anordnung treffen.

Zwei Querschnitte einer Welle, die um die nötige Verdrehungslänge auseinander liegen, werden mit je einer Zahnscheibe versehen.

Parallel zu jeder dieser Scheiben, also rechtwinklig zur Hauptwelle, werden je eine kleine Nebenwelle gelagert, die an ihrem einen Ende mit einem kleinen Zahnrädchen versehen sind, und am entgegengesetzten Ende einen kleinen Planspiegel tragen und zwar so, daß

---

[21]) Görges und Weidig: Ueber die Messung der Voreilung parallel arbeitender Wechselstrommaschinen. E.T.Z. 1910 S. 332 f.

[22]) Mader erwähnt die Anwendungsmöglichkeit seines Resonanz-Undographen (Ungleichförmigkeitsmesser) bei Verdrehungsmessungen in seiner schon a. a. O. erwähnten Dissertation.

dessen Fläche parallel zur Achse der Nebenwelle liegt, d. h. senkrecht zu einem durch diese geführten Kreisschnitt steht.

Werden die oben erwähnten Zahnscheiben mit den Zahnrädchen der entsprechenden Nebenwellen in Angriff gebracht, so werden beide Spiegel in Rotation um die Achsen der Nebenwellen versetzt werden.

Ändert sich die gegenseitige Lage der Zahnscheibe nicht, so wird sich an der relativen Lage der Spiegel auch nichts ändern.

Verdreht sich aber die eine Scheibe gegenüber der anderen, so wird auch der Spiegel auf der zugehörigen Nebenwelle eine entsprechende Drehung gegenüber dem anderen Spiegel erfahren.

Um diese Drehung während der Rotation der Spiegel von außen feststellen zu können, wird folgender Weg eingeschlagen:

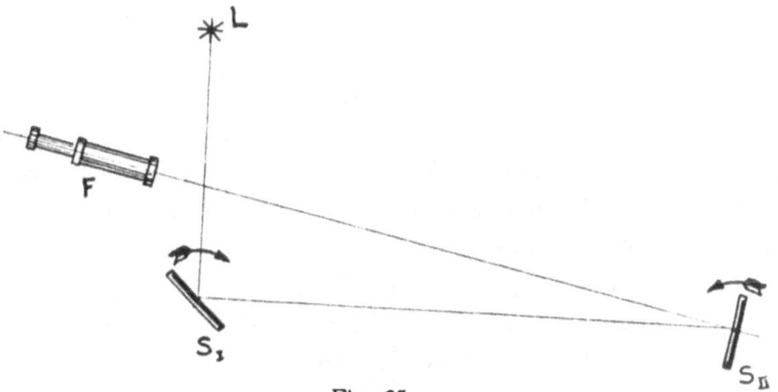

Fig. 35.

Die beiden Spiegel seien in Fig. 35 mit *S I* und *S H* bezeichnet, von einer Lichtquelle *L* falle ein Lichtstrahl auf *S I*, dieser werde von *S I* auf *S II* geworfen, wie in der Figur angedeutet.

Von S *II* tritt der Strahl dann in den umgebenden Raum aus; hier kann er in einem Fernrohr *F* aufgefangen werden.

Für den Ruhezustand ist dieses ohne weiteres verständlich.

Rotieren die Spiegel, wie in der Figur angedeutet, mit genügender Geschwindigkeit, so wird bei entsprechender Lage des Fernrohres ein bleibender Lichteffekt durch dasselbe wahrzunehmen sein. Dieses aus Gründen der Abklingung der Lichtempfindung im Auge des Beobachters, wie wir schon Gelegenheit hatten, im Vorhergehenden bei der Besprechung der respektiven Anordnungen von Jervis-Smith und Amsler zu bemerken (S. 86).

Es ist weiter verständlich, daß je nach der Lage der Spiegel *S I* und *S II* zueinander, bei feststehender Lichtquelle *L*, nur bei einer ganz bestimmten Stellung des Fernrohres *F* die Aufnahme des austretenden Strahles möglich sein wird, d. h. tritt eine Änderung in der Lage der Spiegel *S I* und *S II* ein, so wird auch das Fernrohr *F* eine andere Stellung einnehmen müssen.

Wird diejenige Stellung des Fernrohres *F*, bei der keine Verdrehung in der Hauptwelle vorhanden ist, als die Nullstellung bezeichnet, so wird für jeden bestimmten Verdrehungswinkel der Welle die Größe der zur Einstellung des Fernrohres *F* nötigen Verschiebung aus der Nullstellung maßgebend sein.

So weit wie beschrieben wäre es bei dieser Anordnung nur möglich, die Größe desjenigen Verdrehungswinkels zu messen, der gerade in dem Augenblick vorhanden ist, wo die Spiegel *S I* und *S II* die der Fernrohrstellung entsprechende Lage einnehmen.

Um die Größe des Verdrehungswinkels auch an jeder anderen Stelle der Umdrehung feststellen zu können, ist es nur nötig, die beiden Spiegel *S I* und *S II* aus der Stellung, die sie bei der Nullstellung des Fernrohres *F* einnehmen, um den gleichen Winkel in derselben Richtung, vor- oder rückwärts, relativ zu ihrer Welle zu drehen, worauf die nötige neue Einstellung des Fernrohres *F* vorgenommen werden kann.

Es ist leicht zu ersehen, daß durch wiederholte Einstellung der Spiegel *S I* und *S II* und die entsprechende Verschiebung des Fernrohres *F* der ganze Verlauf der Umdrehung aufgenommen werden kann.

Die Verstellung der Spiegel *S I* und *S II* kann in analoger Weise automatisch ausgebildet werden, wie das schon bei früheren Verfahren angedeutet wurde.[23])

Die Eichung wird bei dieser Anordnung am besten derart vorgenommen, daß bei ruhender Welle, je nach Lage der Spiegel *S I* und *S II* und der Lichtquelle *L*, die Nullstellung des Fernrohres *F* gefunden wird, und dann die Welle mittels Hebel und Gewichte um bestimmte Beträge verdreht wird.

Die jedesmalige Verdrehung kann ohne weiteres mittels an der Welle angebrachter Zeiger oder Spiegel (siehe Eichung der Wellen, Bd. III) bestimmt werden.

---

[23]) Siehe Fußnote 17, Seite 99 und Beschreibungen der Anordnungen von Jervis-Smith und Amsler.

Das Fernrohr *F* wird dann für jeden Verdrehungswinkel der Welle neu eingestellt und seine Stellung in bezug auf die Nullstellung notiert. Durch solches Vorgehen beim Eichen wird man hier sofort in den Stand gesetzt, für jede Stellung des Fernrohres *F* das entsprechende von der Welle übertragene Drehmoment anzugeben, da letzteres sich leicht aus den Abmessungen der Belastungshebel und der angehängten Gewichte berechnen läßt.

Das Übersetzungsverhältnis der Anordnung, d. h. wieviel Teilstriche Fernrohrverschiebung einem Grad Verdrehung der Hauptwelle entsprechen, ergibt sich einfach aus den bei der Eichung, wie oben angedeutet, schon festgestellten Verdrehungen und den entsprechenden Fernrohrstellungen.

Da, wo die Wellen direkt mit ihrem Verdrehungsmesser geeicht werden können, ist die Bestimmung dieses letztgenannten Verhältnisses überflüssig, da man ja sofort die Relation zwischen Fernrohrstellung und übertragenem Drehmoment erhält.

In Fällen, wo eine solche Eichung nicht erfolgen kann, man sich also, soweit Kraftmoment und Verdrehung der Welle in Betracht kommen, auf die Rechnung verlassen muß, wird die Bestimmung des Übersetzungsverhältnisses zur direkten Bedingung.

Dieselbe erfolgt dann am besten derart, daß eine der schon oft erwähnten Zahnscheiben mit einer Mikrometerschraube versehen wird, die es gestattet, die Scheibe in ihrer eigenen Ebene um die Welle selbst, gegenüber der anderen festen Zahnscheibe um bestimmte Beträge zu verschieben.

Auf diese Weise wird man das Übersetzungsverhältnis leicht bestimmen können.

Dasselbe läßt sich aber auch sofort aus den Abmessungen entsprechender Teile ohne weiteres ableiten.

Aus Gründen, die an anderer Stelle Erörterung finden (siehe Eichung der Wellen, Bd. III), ist der erstgenannten Eichweise, wo immer möglich, entschieden der Vorzug zu geben, zumal dabei die Bestimmung der Größe der Übersetzung eigentlich eliminiert wird.

Was nun die Genauigkeit und Zuverlässigkeit der oben beschriebenen Meßmethode angeht, so ist zu bemerken, daß gegenüber den früher besprochenen Verfahren eine prinzipielle Änderung in der Versuchsanordnug darin zu erblicken ist, insofern bei dieser Methode die Verdrehungsmessung gewissermaßen seitlich von der Welle abgeleitet wird, indem nicht wie früher zur Verdrehungsmessung eine die Welle umgebende Hülse zur Anwendung gelangt.

sondern, soweit die Welle in Betracht kommt, nur deren beide um die Verdrehungslänge auseinanderliegenden Querschnitte mit Zahnscheiben versehen werden, und erst aus der gegenseitigen Verschiebung dieser Scheiben gegeneinander, die Größe der Verdrehung abgeleitet wird, während sie bei früheren Verfahren direkt an der Hülse abgelesen wurde.

Es findet also bei diesem Verfahren keine direkte Ablesung mehr statt, sondern die Ablesung wird erst durch die Einschaltung eines Zwischengliedes ermöglicht.

Dieses Einschalten eines Zwischengliedes ist verschiedentlich zur Anwendung gelangt. So haben z. B. Hirn, Jervis-Smith, Collie und Denny und Edgecombe [24]) von Nebenwellen bei ihren Torsionsdynamometern und -Indikatoren Gebrauch gemacht.

Wenn ein solches Verfahren auch manches für sich hat, so ist doch nicht zu vergessen, daß an erster Stelle in der Übertragung der Bewegung von der Hauptwelle auf die Nebenwellen Fehler entstehen können.

Man wird deshhalb auf dieses Übertragungsorgan ein besonderes Augenmerk richten müssen.

Am geeignetsten erscheint hier die Verwendung genau gefräster Zahnräder (vergl. S. 45).

Eine zweite nicht zu unterschätzende Fehlerquelle ist dadurch bedingt, daß notwendigerweise die Nebenwellen, und in diesem speziellen Falle das Fernrohr, in dem die Hauptwelle umgebenden Raume gelagert werden müssen.

Wir sehen aus Obigem, daß trotz der Einfachheit der beschriebenen Anordnung, bei deren praktischer Anwendung mit gebührender Vorsicht zu Werke zu gehen ist, wenn zuverlässige und einwandsfreie Resultate gewonnen werden sollen.

Ein besonderer Vorteil dieser Methode ist der, daß man bei Anwendung derselben, in Fällen, wo lange Leitungen zur Verfügung stehen, z. B. die Schraubenwellen der Dampfer, an keine bestimmte Wellenlänge gebunden ist, unbehindert von etwaigen zwischenliegenden Flanschen und Lagern, die Zahnscheiben an zwei möglichst weit voneinander entfernt liegenden Punkten der Welle anbringen kann.

Dies ist ein Hauptprivileg der elektrischen Methoden zur Verdrehungsmessung, aber auch ein notwendiges, da diese meist beträchtliche Verdrehungen der Welle bei ihrer Ausführung beanspruchen, und

---

[24]) Siehe a. a. O. angegebene Literatur.

diese ja sonst unter gleichen Umständen von der Länge des bei der Verdrehungsmessung zur Anwendung gelangenden Wellenstückes abhängig ist, d. h. mit zunehmender Wellenlänge steigt.

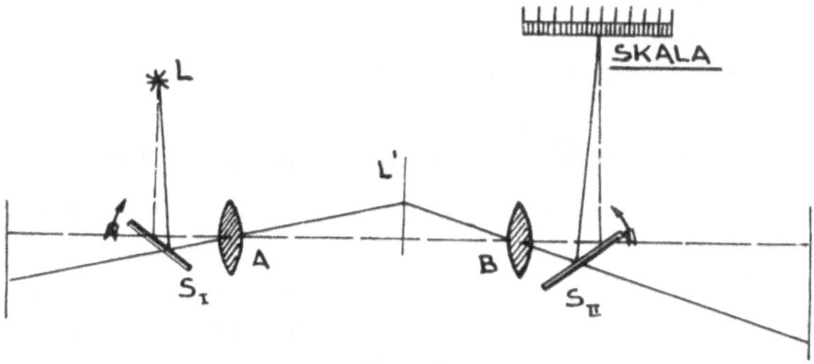

Fig. 36.

Es soll hier noch einer Modifikation des eben beschriebenen Verfahrens, die Verdrehung mittels Fernrohr und mit Nebenwellen umlaufende Spiegel zu messen, Erwähnung getan werden, die es gestattet, die Verdrehungsanzeige auch einem größeren Zuhörerkreise sichtbar zu machen.

Die eigentliche Anordnung hierbei ist genau die schon beschriebene, nur wird, wie Fig. 36 zeigt, die frühere Versuchsanordnung im wesentlichen durch zwei Linsen ergänzt.

In Fig. 36 seien *S I* und *S H* die schon erwähnten Spiegel. *A* und *B* seien zwei Linsen, von denen *A* im Punkte *L'* ein reelles Bild der Spiegelung der Lichtquelle *L* im Spiegel *S I* erzeugt; *B* dagegen erzeugt im Spiegel *S II* ein Bild von *L'*, welches dieser weiter auf eine in der Figur angedeutete Skala wirft.

Dieses gilt ohne weiteres für den Ruhezustand; rotieren die beiden Spiegel *S I* und *S II*, so wird bei genügender Umdrehungszahl derselben auf der schon erwähnten Skala ein bleibender scharf definierter Lichtstreifen wahrzunehmen sein, aus Gründen, die wir hier weiter nicht mehr zu wiederholen brauchen.

Tritt eine gegenseitige Verschiebung der Spiegel entsprechend der Verdrehung der Hauptwelle ein, so wird der Lichtstreifen einen korrespondierenden Weg auf der Skala zurücklegen.

Was die Registrierung der Verdrehung oder deren Fernmessung in diesem Falle anbelangt, so können wir uns hier kurz fassen; erstere wird durch die entsprechende Bewegung einer lichtempfindlichen Schicht vor dem austretenden Strahl an Stelle des in Fig. 35 gezeigten Fernrohres *F*, oder der in Fig. 36 gezeigten Skala realisiert werden können[25]); die zweite kann mit Hilfe des Selens, wie das bei Beschreibung anderer optischer Methoden schon angedeutet wurde, verwirklicht werden.

Im übrigen sei hier im einzelnen auf die eingangs genannte Arbeit von Görges & Weidig verwiesen.

Messung der Verdrehung mittels geschlitzter Scheiben.

Man kann nach Föttinger[26]) folgendes Verfahren zur Verdrehungsmessung heranziehen.

Wie Fig. 37 zeigt, wird die Welle mit einem Rohr umgeben, welches an einem Ende an die Welle festgeklemmt ist, und am anderen eine Scheibe *I* trägt; dieser Scheibe *I* gegenüber ist eine Scheibe *II* auf der Welle befestigt.

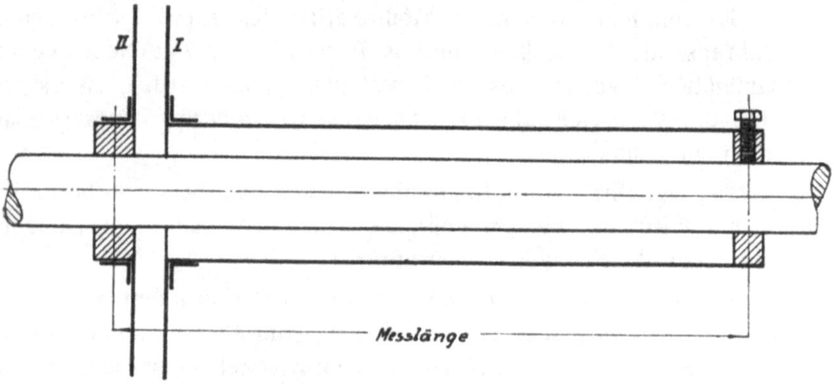

Fig. 37.

Wie ersichtlich, entspricht hier das Rohr mit seiner Scheibe *I* der Verdrehungshülse mit ihrem Nonius bei den Verfahren von Jervis-Smith und Amsler (S. 87); dagegen wird die dort gebräuchliche Verdrehungsskala durch die Scheibe *II* ersetzt.

Es kommt jetzt darauf an, wie früher die der Verdrehung der

---

[25]) Um den vollständigen Verlauf der Verdrehung zu erhalten, muß die Verschiebung der Spiegel automatisch erfolgen, am einfachsten mittelst entsprechender Differentialgetriebe.

[26]) Föttinger, Effektive Maschinenleistung und effektives Drehmoment und deren experimentelle Bestimmung (mit besonderer Berücksichtigung großer Schiffsmaschinen). Mitteilungen über Forschungsarbeiten, Heft 25. 1905, S. 64 f.

Welle entsprechende gegenseitige Verschiebung der Scheiben *I* und *II* nach außen hin meßbar zu machen.

Dieses kann auf verschiedene Weise geschehen.

Zum Beispiel die Scheiben *I* und *II* werden an ihrem Umfange

Fig. 38.

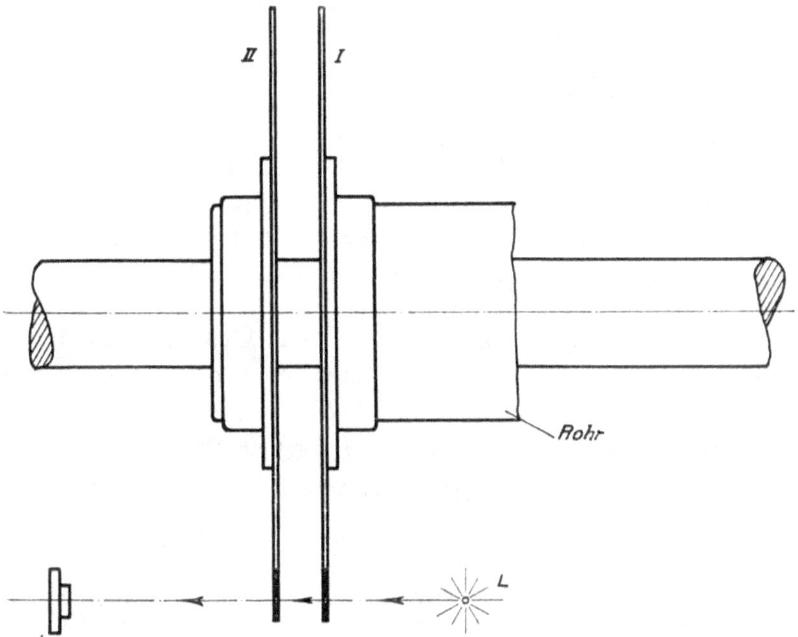

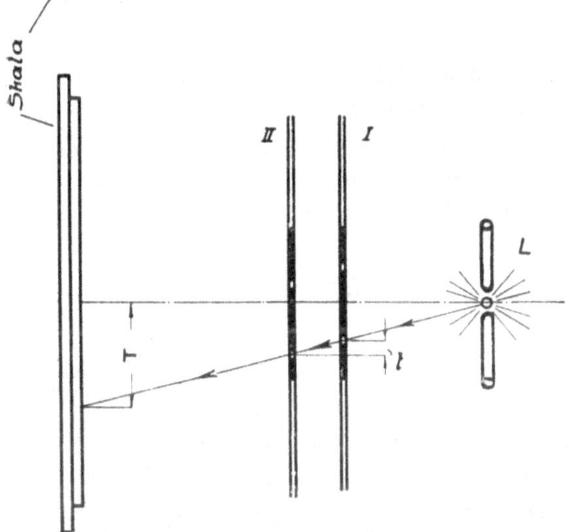

Fig. 39.

gleichmäßig mit kleinen Löchern versehen, die, so lange die Welle keine Verdrehung erleidet, einander genau gegenüber liegen.

Wie in Fig. 38, 39 angedeutet, wird weiter von Scheibe *I* in entsprechender Höhe eine starke Lichtquelle *L* angebracht und hinter Scheibe *II* eine Skala aufgestellt.

Bringt man die Welle mit ihren Scheiben *I* und *II* in eine solche Stellung, daß zwei gegenüber liegende Oeffnungen und die Lichtquelle *L* sich in einer geraden Linie befinden, so wird auf der Skala ein heller Lichtfleck erscheinen.

Wird die Welle hierauf spannungslos in Rotation versetzt, so wird der helle Fleck genau an derselben Stelle wie früher auf der Skala erscheinen und bei selbst geringer Umlaufzahl der Welle in Ruhe erscheinen, da, wie wir hier annehmen, die Scheiben auf ihrem ganzen Umfange durchlocht sein sollen, und so nach verhältnismäßig kurzen Zeiträumen die Skala immer wieder beleuchtet wird, was ja, wie wir des öfteren schon gesehen haben, allein dazu genügt, den Trägheitseffekt des Auges in der Aufnahme von Lichtempfindungen hervorzurufen.

Soweit für die rotierende spannungslose Welle.

Wir wollen den Teilstrich der Skala, auf dem der Lichtpunkt unter obigen Bedingungen erscheint, als der Nullstellung entsprechend bezeichnen.

Tritt nun eine Verdrehung in der Welle auf, d. h. überträgt dieselbe Kraft, so werden, wie wir früher gesehen haben, die Scheiben *I* und *II* sich gegenseitig verschieben.

Durch diese Verschiebung ist aber auch eine korrespondierende Lageänderung *t* der Umfangsbohrungen der Scheiben bedingt, und infolge hiervon kann der Lichtstrahl jetzt nicht mehr seinen Weg in gerader Linie von der Lichtquelle *L* zur Nullstellung nehmen, sondern er muß einen schrägen Weg einschlagen, um auf die Skala zu gelangen, wie das in Fig. 39 angedeutet ist.

Der Lichtfleck erscheint also jetzt auf der Skala um *T* Teilungen von der Nullstellung verschoben.

Wie aus Obigem hervorgeht, ist diese Verschiebung *T* ein direktes Maß für die Wellenverdrehung.

Auch ist leicht ersichtlich, daß wir durch zweckmäßige Entfernung von Lichtquelle *L* und Skala von den Scheiben *I* und *II* jede beliebige Vergrößerung der tatsächlich auftretenden Verdrehung *t* der Welle erreichen können.

Bleibt die Größe der Verdrehung nicht konstant, d. h. schwankt sie im Verlauf einer Umdrehung, wie das meistens der Fall ist, so wird auf der Skala kein Lichtfleck mehr, sondern eine wohl definierte Linie erscheinen, deren Länge natürlich von dem Wert der größten und kleinsten Schwankung in den Größen für die Verdrehung abhängen wird, d. h. die beiden Endpunkte der Linie entsprechen dem größten resp. dem kleinsten Wert der Verdrehung.

Es wäre unrichtig, hieraus zu folgern, daß die mittlere Verdrehung ohne weiteres auf der Mitte des genannten Lichtstreifens abzulesen sein, da der mittlere Wert des Verlaufs irgend einer Größe nicht notwendigerweise durch das Mittel aus größter und kleinster Schwankung seiner Werte dargestellt wird, da ja zwischen diesen Grenzen der Verlauf ein ganz beliebiger sein kann.

Der ganze Verlauf der Verdrehung muß hier also schon aufgenommen werden, um den mittleren Wert derselben zu erhalten.

Dieses kann durch Anordnung einer mitrotierenden Blende geschehen, die zur gleichen Zeit immer nur eine Öffnung, beispielsweise der Scheibe *I*, frei gibt.

Durch diesen Kunstgriff erreicht man, daß der Lichtfleck auf der Skala immer nur der Verdrehung an einer ganz bestimmten Stelle der Umdrehung entspricht, und zwar an derjenigen, wo sich die einzige nicht verdeckte Scheibenöffnung der Lichtquelle *L* gegenüber befindet.

Durch Anwendung eines Differentialgetriebes kann die Verschiebung der Blende automatisch erfolgen.

Zur Orientierung wird es gut sein, am Umfange jeder Scheibe eine Öffnung besonderer Form, oder besser zwei nahe aneinanderliegende Öffnungen, vorzusehen, es kann aber auch jedes Lochpaar seine bestimmte ausgestanzte Nummer oder sonstiges Zeichen erhalten, so daß man auf der Skala sofort sehen kann, an welcher Stelle der Umdrehung die Blende eine Scheibenöffnung frei gibt, die Orientierung also vollkommen gewährleistet bleibt.

Es soll hier noch kurz gezeigt werden, wie der ganze Verlauf der Verdrehung ohne Zuhilfenahme einer mitrotierenden Blende aufgenommen werden kann.

Die Verwendung der Blende wird überflüssig, sobald wir die Lichtquelle entweder nur aufblitzen oder aufleuchten lassen in denjenigen Augenblicken, wo sich diejenige Öffnung der Scheibe der Lichtquelle gegenüber befindet, die von der Blende nicht verdeckt ist, also allein zur Wirkung kommen kann; denn es muß doch gleichgiltig sein, ob die Öffnungen, die nicht zur Wirkung kommen sollen, durch die Blende geschlossen an der Lichtquelle vorbeigehen, oder diese während der Zeit, daß Öffnungen, welche verdeckt sein sollten, an ihr vorbeigehen, ausgelöscht oder verdeckt bleibt; die Wirkung wird in jedem Falle dieselbe sein.

Wir sehen also, daß wir alles durch Anwendung einer mitrotierenden Blende Erreichbare auch durch zweckmäßige Abblendung oder Aufleuchtenlassen der Lichtquelle erreichen können.

Über die bei der Steuerung der Lichtwirkung in Betracht kommenden Gesichtspunkte haben wir uns schon früher eingehend verbreitet (siehe Anordnung vom Amsler, S. 92).

Hier sei nur gesagt, daß man bei Anwendung der Abblendvorrichtung, wie sie früher in Fig. 34, S. 97, vorgeschlagen wurde, wohl die besten Resultate erzielen wird.

Die Kontaktvorrichtung würde in diesem Falle derart auszuführen sein, daß die Welle mit schmalen Kontaktringen versehen würde, deren Kontaktstellen auf einer Schraubenlinie um die Welle gelegt wären, so daß jede Kontaktstelle, die einer bestimmten Scheibenöffnung entspräche, auch in derjenigen Ebene läge, die durch diese Scheibenöffnung und die Wellenachse ginge.

Eine Kontaktbürste wäre nur nötig, die so eingerichtet sein müßte, daß man sie von einem Ring zum anderen parallel zur Achse der Welle weiter kurbeln könnte.

Durch dieses Vorgehen würde eine vorzügliche Orientierung erreicht sein, da, so lange die Bürste vom Beobachter auf einem Ring gelassen würde, auch der auf der Skala abzulesende Wert der Verdrehung nur der sein kann, der an der Stelle der Umdrehung stattfindet, wo sich der Kontakt besagten Ringes befindet, oder, was dasselbe ist, wo sich die entsprechende Öffnung am Umfange der Scheibe befindet.

Diese Meßmethode läßt noch eine Mannigfaltigkeit von Kombinationen zu, wir wollen uns aber hier nur darauf beschränken einige brauchbare Abarten dieser Kategorie von Apparaten wiederzugeben.

Statt, wie anfangs erklärt, die Scheiben *I* und *II* der Fig. 38 mit einfachen Öffnungen zu versehen, können wir auf einer, z. B. *I*, wie in Fig. 40 gezeigt, schräge Schlitze *a*, *b* anbringen.

Die andere Scheibe *II* erhält auf hellem Hintergrund scharf definierte schwarze Striche *A*, *B*.

Hierbei können die Scheiben in ihrer Lage zur Welle wie in Fig. 38 bleiben und die Schlitze in radialer Richtung angebracht werden; es steht aber auch nichts im Wege, die Scheiben sich gegenseitig umhüllen zu lassen, daß sie also konzentrische Zylinder um die Welle bilden, in welchem Falle die Schlitze in der Richtung der Erzeugenden dieser Zylinder angebracht würden.

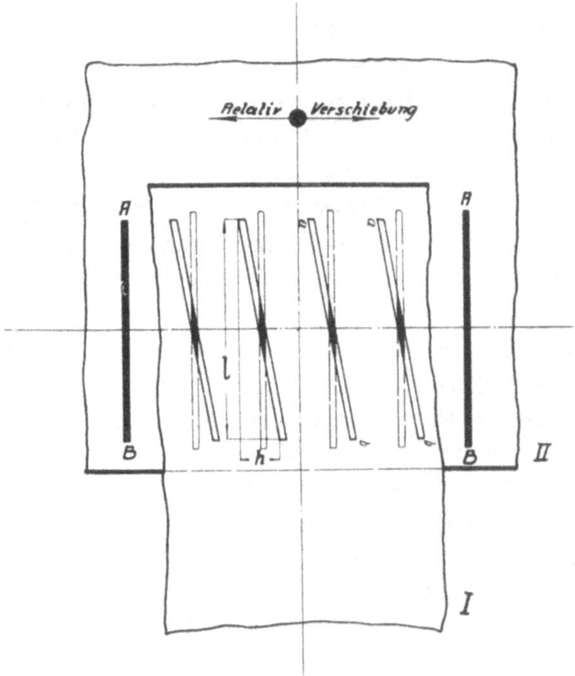

Fig. 40.

Überdecken sich die Scheiben, wie in Fig. 40 gezeigt, dann wird bei der ersten Anordnung, genügend schnelle Rotation der Scheiben vorausgesetzt, ein zur Welle konzentrisch liegender schwarzer Ring sichtbar sein, der mit zunehmender Verdrehung entweder von der in der Figur angegebenen Stellung sich nach innen zusammenzieht oder nach außen hin erweitert, dabei aber eine konstante Breite beibehält, je nachdem, in welchem Sinne die Verdrehung erfolgt.

Bei der zweiten Anordnung wird unter genannten Bedingungen, wenn der Beobachter sich genau den Schlitz-Zylindern oder -Trommeln gegenüberbefindet, ein schwarzer Strich erscheinen, der rechtwinklig zur Wellenachse steht.

Wird die Welle verdreht, so wandert der Strich in achsialer Richtung nach links oder rechts, je nach Richtungssinn der Verdrehung, wie oben.

Die eigentliche Verdrehungsmessung wird in beiden Fällen so vorgenommen, daß die in Fig. 40 gezeigte gegenseitige Lage der Scheiben und die entsprechende Lage des Ringes oder des Striches als Nullstellung betrachtet wird, und dementsprechend die jeweilige Verdrehung als Abweichung beider von besagter Stellung mittels Fernrohr oder Skala gemessen wird.

Man sieht leicht, daß diese Verschiebung lediglich von den Abmessungen *h* und *l*, siehe Fig. 40, der Schlitze abhängig sein wird. Man hat also in der Änderung dieser ein Mittel, an Hand dessen man ein beliebiges Übersetzungsverhältnis erreichen kann.

Es sei auch noch daran erinnert, daß, sobald die Lage der Schlitze endgültig festgelegt, auch die konstante Breite des Ringes oder des Streifens festliegt.

Beide zuletzt beschriebenen Verfahren können aber auch so zur Ausführung gelangen, daß die Schlitze *a*, *b* die schwarzen Striche *A*, *B* in der Nullstellung ganz verdecken, so daß mit zunehmender Verdrehung ein immer breiter werdender Kreis oder Strich erscheint, aus deren Breite die Größe der Verdrehung direkt folgen würde.

Wir kommen mit dieser Bemerkung zur Beschreibung eines Verfahrens, bei dem die schwarzen Striche auf der einen Scheibe durch Licht ersetzt werden.

Verdrehungsmessung nach Collie.[27])

Collie, wie Burkitt Webb[28]) und andere, macht bei der Verdrehungsmessung sich den Umstand zu Nutzen, daß Schiffswellen, denn an solchen sind bis jetzt Verdrehungsmessungen fast ausschließlich vorgenommen worden, eine zentrale Durchbohrung aufweisen, die meistens ganz ansehnliche Dimensionen haben; z. B. hat man Wellen von 190 mm Durchmesser, die eine Bohrung von 90 mm Durchmesser besitzen.

Wie Fig. 41 (S. 115) zeigt, legt Collie in die Welle *W* eine kleine Hilfswelle *K*, welche ihm die Verdrehungshülse oder das Meßrohr anderer Verfahren ersetzen soll.

---

[27]) Gibson, a. a. O., Fig. 1, Plate XVI.

[28]) Burkitt Webb, U. S. Patent No. 888371, May 19, 1908.

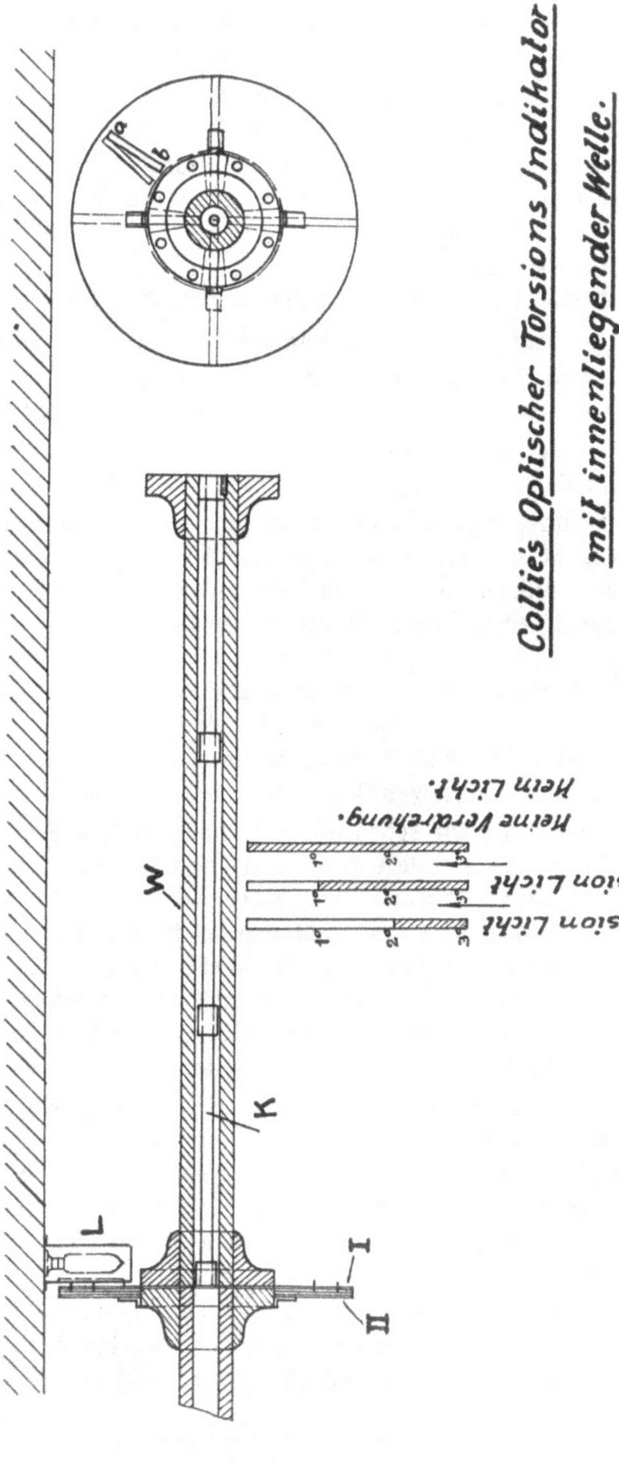
Collie's Optischer Torsions Indikator
mit innenliegender Welle.
W
K
L
I
II
a
b
Keine Verdrehung.
Kein Licht.
1° Torsion Licht
2° Torsion Licht

Fig. 41.

Dieselbe ist, wie in Fig. 41 angedeutet, am rechten Kupplungsende mit einem Keil gegen die Welle festgelegt.

Die rechte Kupplung der Welle *W* erhält an Stellen, wo keine Bolzenlöcher sind, radiale Bohrungen oder Aussparungen auf der Kupplungsfläche, welche zur Aufnahme von Stäbchen dienen von geringeren Breitenabmessungen wie diese selbst, und zwischen Hilfswelle *K* und die Scheibe *I*, siehe Fig. 41, eine sternartige starre Verbindung herstellen sollen.

Die Welle *K* ist möglichst reibungslos in *W* gelagert.

Auf der Kupplung, welche mit der letztgenannten in Angriff steht, wird eine Scheibe *II* befestigt.

Die Scheiben *I* und *II* erhalten je einen schrägen Schlitz, der von *II* ist in der Seitenansicht, Fig. 41, mit *a*, *b* bezeichnet, der von *I* einpunktiert.

Die Schlitze sind so angebracht, daß sie bei spannungsloser Welle kein Licht durchlassen, mit zunehmender Verdrehung aber sich scherenförmig öffnen, und so dem Licht, welches von dem Schlitz von *L* ausgeht, einen immer länger werdenden Durchgangsschlitz darbieten.

Die Nebenfigur in Fig. 41 zeigt diesen Schlitz ganz verdunkelt entsprechend keiner Verdrehung, mit 1° Verdrehung und 2° Verdrehung; in den beiden letzten Fällen entspricht der nicht schraffierte Teil des Schlitzes demjenigen Teil, durch den Licht austreten kann.

Nach dem, was wir schon über die anderen Methoden gesagt haben, dürfte sich alles andere von selbst erklären. Es sei nur noch erwähnt, daß der Apparat, wie beschrieben, ausschließlich zur Messung einer Verdrehung verwandt werden könnte, die, von links nach rechts sehend, in der Richtung der Welle, entgegengesetzt dem Uhrzeigersinne erfolgt, da im umgekehrten Falle die Scheiben sich wohl noch gegeneinander verschieben würden, der Schlitz aber nicht mehr geöffnet würde, wie dies ohne weiteres aus Fig. 41 folgt.

Um den Apparat auch für Messungen in anderer Richtung als der oben angegebenen brauchbar zu machen, wäre es nur nötig, die Schlitze sich kreuzen zu lassen, womit wir auf das schon in Fig. 40 gezeigte Verfahren zurückkämen, oder der Verdrehungsrichtung entsprechende Schlitze anzuordnen, oder auch an anderer Stelle die nötigen Schlitze anzubringen.

Es ist wohl unnötig, noch daran zu erinnern, daß, solange Schlitze nur an einer Stelle der Scheiben sich befinden, auch nur ein Wert der Verdrehung festzustellen ist.

Messung der Verdrehung mittels des Achsial-Blitzlicht-Torsions-Indikators von Bevis und Gibson.[29])

Fig. 42 zeigt die Anordnung, die Bevis und Gibson zur Messung der Verdrehung getroffen haben.

Wie aus der Figur ersichtlich, werden zwei radial geschlitzte Scheiben *I* und *II* an möglichst weit von einander entfernten Enden der Welle angebracht.

Die Lichtquelle *L* steht fest, ihr Gehäuse ist mit einem Schlitz versehen, der mit denen in den Scheiben in eine Gerade gebracht werden kann.

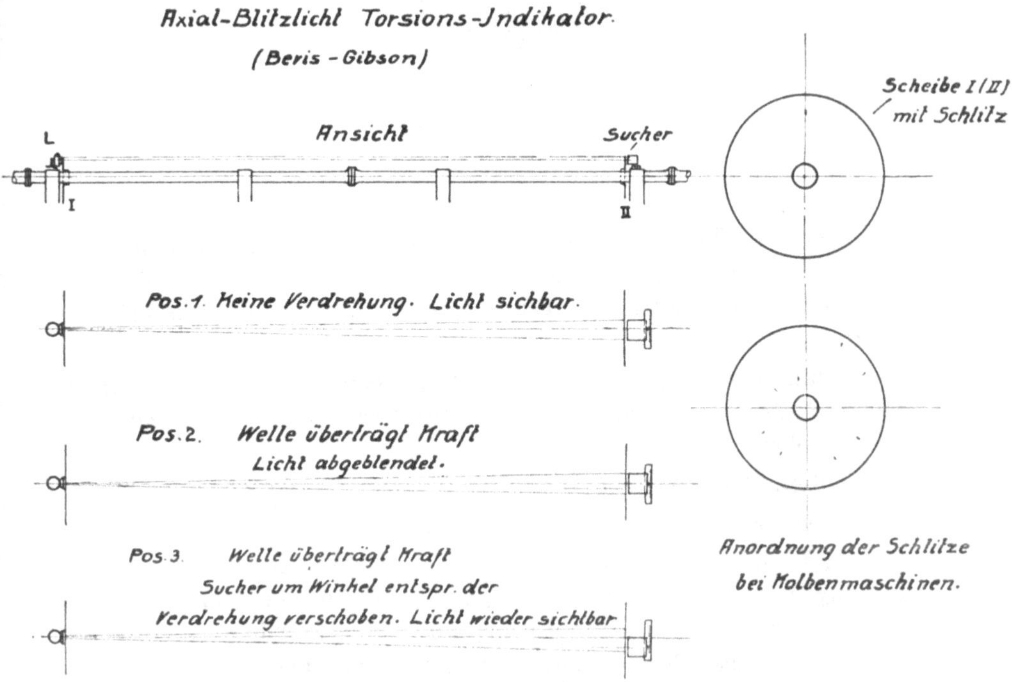

Fig. 42.

Ein Sucher mit Skala ist verschiebbar angeordnet. Derselbe dient dazu, den von *L* ausgehenden Lichtstrahl nach seinem Durchtritt durch die Scheiben *I* und *II* aufzufinden und ist in Fig. 43 im

---

[29]) Gibson, a. a. O. Plate XVIII, XXI, Engineer, Nov. 13, 08, P. 506. Dec. 11, 1908, P. 615.

Engineering 7. Feb. 1908, Revue de Mécanique, Tome XXVI No. 2, P. 166—7

Bilde wiedergegeben. Die Skala mit Ablesungsmikroskop ist oben sichtbar.

Fig. 43.

Ist keine Verdrehung vorhanden, so wird alles so eingerichtet, daß die Schlitze in den Scheiben *I* und *II* mit dem der Lichtquelle *L* und der Nadellochöffnung der Diaphragme des Suchers in einer Linie liegen.

Rotiert die Welle mit genügender Schnelligkeit, so wird unter obiger Bedingung ein bleibender Lichteffekt im Sucher wahrgenommen werden.

Diese Verhältnisse sind in Fig. 42 Pos. 1 wiedergegeben

Die Pos. 1 entspricht der Nullstellung.

Tritt eine Verdrehung ein, d. h. wird die Kraft durch die Welle übertragen, so verschieben sich die Scheiben, und, obwohl es eine Stellung gibt, bei der Lichtquellen- und Scheibenschlitze auf einer schrägen Geraden liegen, wird doch im Sucher kein Licht wahrgenommen werden können, da, um den Lichteffekt zu erhalten, auch die Oeffnung des Suchers mit auf die genannte Gerade *f* fallen müßte.

Diese Zustände sind in Pos. 2 dargestellt. Wird der Sucher um den Verdrehungsbogen verschoben, so wird in ihm der Lichteffekt wieder wahrzunehmen sein, weil es jetzt eine Stellung gibt, bei der die oben genannten drei Schlitze und die Diaphragmenöffnung des Suchers in einer schrägen Linie liegen. Dieses ist in Pos. 3 angedeutet.

Soll mit dieser Anordnung der Verlauf der Verdrehung aufgenommen werden, wie das beispielsweise bei Kolbenmaschinen nötig wird, so wenden Bevis und Gibson in diesem Falle Scheiben an, deren Schlitze sich auf einer Spirale befinden, wie in Fig. 42 rechts unten angedeutet ist. Je nachdem an welcher Stelle der Umdrehung eine Messung der Verdrehung vorgenommen werden soll, wird dann der Sucher auf den dieser Stellung entsprechenden Schlitz der Scheibe eingestellt.

Auf diese Weise wird erreicht, daß für jede Stellung des Suchers auch nur ein Schlitz in Betracht kommen kann. die Orientierung somit eine leichte ist.

Die beschriebene Anordnung geht eigentlich aus der schon beschriebenen in Fig. 38, 39 gezeigten hervor, wenn wir dort die Lichtquelle direkt an die Scheibe *I* heranbringen, die Skala durch den Sucher ersetzen und auch direkt an die Scheibe *II* heranrücken.

Man sieht, daß in diesem Falle keine Vergrößerung der wirklich auftretenden Verdrehung erhalten wird, sondern direkt deren eigentlicher Wert in Grad gemessen wird; hier ist natürlich davon abgesehen, daß durch die Verwendung von geschlitzten Scheiben, der Verdrehungswinkel auf einem größeren Bogen, als wie dem, der dem Radius der Welle entspricht, gemessen wird.

Dieses wird dadurch möglich, daß das sonst verhältnismäßig kurze Meßrohr (1 bis 2 m lang) durch eine Gesamtwellenlänge von ca. 25 m und mehr ersetzt wird.

Um aber diese Anordnung auch solchen Fällen anzupassen, bei denen nur geringe Wellenlängen zur Verfügung stehen, haben Bevis und Gibson ihre eben beschriebene achsiale Anordnung durch eine radiale ergänzt.

Letztere ist in Fig. 44 (S. 120) wiedergegeben. Die Scheiben *I* und *II* umhüllen sich hier zylindrisch.

Die Lichtquelle *L* ist fest; ihr Licht hat drei Schlitze zu passieren, um in radialer Richtung nach außen zu gelangen, nämlich den in ihrem Gehäuse und die beiden der Scheiben *I* und *II*.

Der Sucher wird soweit von der Welle angebracht, bis die nötige Vergrößerung erreicht wird.

In dieser Form entspricht die Anordnung, wenn hier von der geringen Beweglichkeit der Lichtquelle in diesem Falle abgesehen wird, eigentlich genau der oben erwähnten, der Fig. 38, 39.

Den Namen Blitzlicht haben Bevis und Gibson ihren Apparaten beigelegt, da ja tatsächlich das Licht über eine gewisse Spanne, von Lichtquelle zum Sucher, hinüberblitzt, was wir aber nicht wahr-

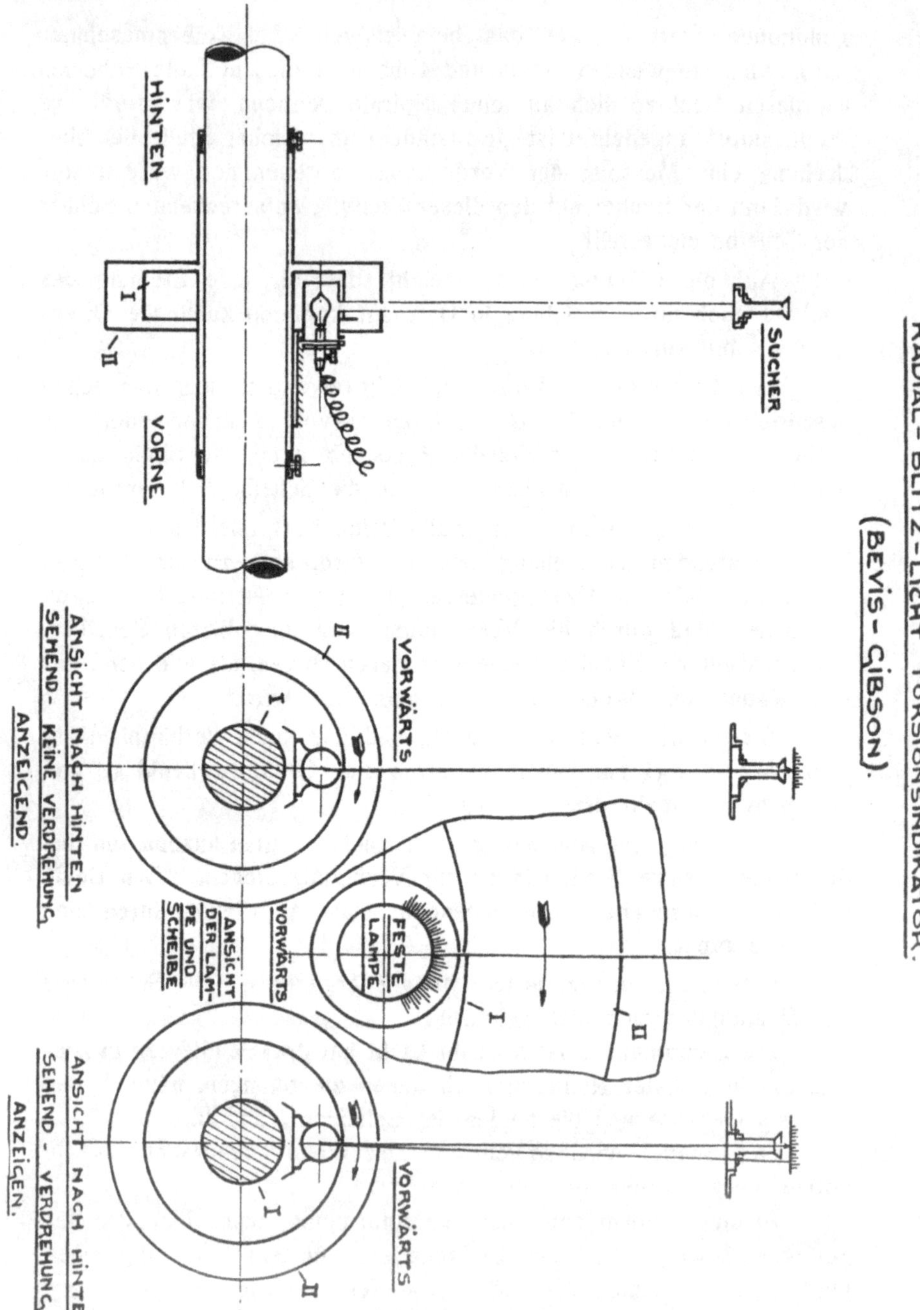
RADIAL-BLITZ-LICHT TORSIONSINDIKATOR.
(BEVIS-GIBSON).
SUCHER
HINTEN
VORNE
I
II
VORWÄRTS
ANSICHT NACH HINTEN SEHEND- KEINE VERDREHUNG ANZEIGEND.
FESTE LAMPE
VORWÄRTS
ANSICHT DER LAMPE UND SCHEIBE
ANSICHT NACH HINTEN SEHEND - VERDREHUNG ANZEIGEN.

Fig. 44.

nehmen können wegen der schon oft erwähnten Trägheit unseres Auges in der Aufnahme schnell aufeinander folgender Lichtempfindungen; die einzelnen Blitze erscheinen uns daher wie der fortdauernde Strahl eines Scheinwerfers — dieses nur beiläufig.

Wir müssen hier kurz zurückgreifen. — Früher hatten wir schon bei Beschreibung der Anordnungen von Amsler und Jervis-Smith die große Einfachheit dieser Methoden betont, S. 88. Dieselbe lag vornehmlich darin, daß zur Messung der Verdrehung in genannten Fällen nur eine leichte Hülse nötig war, und der absolute Wert der Verdrehung einfach von außen abgelesen wurde.

Bei den im Vorhergehenden beschriebenen Verfahren liegen die Verhältnisse wesentlich anders.

Die Hülse wird durch ein scheibentragendes Rohr ersetzt und Lichtquelle und Skala oder Sucher (Fernrohr) befinden sich im Raum außerhalb dieser und können daher untereinander Verschiebungen erleiden; da nun die ganze Messung von der Verschiebung zweier Scheiben oder allgemein zweier Schlitze direkt abhängig ist, so muß eingesehen werden, wie schon früher betont wurde, daß jede andere Verschiebung fehlerbringend wirken kann.

Es ist daher wichtig, hier festzustellen, daß die weitgehende Genauigkeit, die für diese Methoden oft behauptet wird, mit Rücksicht auf jedes damit zu erreichende Uebersetzungsverhältnis mit Vorsicht aufzunehmen ist, denn erstens ist man im praktischen Leben an bestimmte Grenzen gebunden betreffs der Lage der Lichtquelle, der Skala, des Suchers usw. — man kann ja auch Hebel nicht immer länger werden lassen oder Schrauben nicht immer flachere Steigung geben — es hört alles einmal auf, und zweitens können Schwingungen zwischen den Scheiben und zwischen Rohr und Welle durch Trägheit und Ungleichförmigkeit der Rotation und Torsion oder exzentrische Massenverteilung hervorgebracht, die Möglichkeit einer Verschiebung der einzelnen Elemente der Meßanordnung unter sich unterstützen, eine Fehlerquelle, die nicht zu unterschätzen ist.

Die durch die erste Fehlerquelle bedingten Fehler werden um so mehr ins Gewicht fallen müssen, je größer das Uebersetzungsverhältnis der Anordnung ist.

Der letztgenannte Fehler wäre leicht zu eliminieren, wenn es möglich wäre, die Nullstellung unter genau denselben Bedingungen festzusetzen, unter denen die Verdrehungsmessung vorgenommen wird.

Die Festsetzung der Null-Stellung setzt ja voraus, daß keine Verdrehung vorhanden ist, also im Falle einer Messung an Bord eines

Dampfers, daß die Welle mittels ihres Propellers durch Auslauf des Dampfers angetrieben, oder dieser abgekuppelt und die Welle frei angetrieben wird, was in beiden Fällen das Fehlen eines den Schiffskörper deformierenden Propellerschubes bedeutet.

Letzterer tritt aber, sobald eine Verdrehung vorhanden ist, auf, und desto größer diese wird um so größer wird auch jener.

Da nun anzunehmen ist, daß fast jeder Schiffskörper vom Propellerschub abhängige Deformationen erleidet, so sehen wir, daß in keinem dieser Fälle die relative Lage der einzelnen Teile der Versuchseinrichtung bei der Festsetzung der Nullstellung noch während der anderen Messung dieselbe sein kann; der jeweilige Fehler wird natürlich von Umständen abhängen.

Auch die Möglichkeit von Vibrationen muß wohl im Auge behalten werden.

Die weiter oben erwähnten Schwingungen sind bei Besprechung der mechanischen Torsionsindikatoren behandelt.

Es ist noch zu erwähnen, daß im praktischen Gebrauch, wo nötig, bei den beschriebenen Verfahren Nadellochdiaphragmen und Linsen zur Anwendung gelangen, und daß bei den ersteren sowie bei feinen Schlitzen die Lichtbeugungserscheinungen oder Diffraktionserscheinungen zu beachten sind.

Bei den Verfahren, die auf die Verschiebung von Schlitzen basieren, ist zu erwähnen, daß hier die Messung am besten nach zwei Seiten hin erfolgt, einmal auf Erscheinen der Lichtempfindung, das andere Mal auf Verschwinden derselben.

Das Mittel aus den so gewonnenen Werten stellt dann das Resultat dar.

Bei diesem Vorgehen können auch individuelle Gesichtsverschiedenheiten weniger zur Geltung kommen.

Voraussetzung ist natürlich stets, daß alle Teile der Apparatur in tadellosem Zustande und korrekt angebracht sind. Fehler, die durch inkorrekte Anbringung entstehen können, sind als außergewöhnlich zu betrachten und können hier nicht weiter erörtert werden.

Endlich wäre noch die Frage aufzuwerfen, ob Lichtstrahlen tatsächlich in einem Maschinenraum oder Wellentunnel in geraden Linien sich fortpflanzen, was wir bei allen unseren obigen Betrachtungen stillschweigend vorausgesetzt haben.

Eine eingehende Behandlung dieser Frage würde hier zu weit führen; hier sei nur bemerkt, daß eine Ablenkung oder Brechung der Lichtstrahlen nur dann eintreten kann, wenn die Luft, die den Raum ausfüllt, den der Lichtstrahl durchqueren muß, nicht von ganz gleichmäßiger Beschaffenheit ist.

Es fragt sich also, ob solche Verhältnisse tatsächlich auftreten können, worauf zu antworten ist, daß wohl in keinem Maschinenraum, noch viel weniger in einem Wellentunnel, wo die Schiffswände mit dem kühlen Seewasser direkt in Berührung stehen, zudem meist noch innen im Tunnel Wasser vorhanden ist, auch nur angenähert eine gleichmäßige Beschaffenheit der Luftschichten zu konstatieren sein wird, und daher die Lichtstrahlen auch wohl eine Ablenkung erfahren können. Doch ist leicht zu ersehen, daß der hierdurch bedingte Fehler eliminiert werden kann, so lange die Luftbeschaffenheit im Messungsraume während aller Messungen dieselbe bleibt.

Da im Maschinenraume bei Festsetzung der Nullstellung zu Anfang der Versuche die herrschenden Temperaturen sich wesentlich von denen unterscheiden werden, die in demselben Raume bei voller Anstrengung der Kraftaggregate auftreten werden, wie sich schon aus den Bedingungen ergibt, unter denen erstere zustande kommt, so wird es nötig sein, auch während der Versuche so oft wie möglich die Nullstellung zu kontrollieren.

Jedoch muß hier noch ausdrücklich auf das verwiesen werden, was schon bezüglich der Deformationen des Schiffskörpers durch den Propellerschub und die hieraus resultierende Möglichkeit einer Verschiebung der einzelnen Elemente der Versuchsanordnung unter sich gesagt worden ist.

In den Inkongruenzen zwischen den Bedingungen, unter denen die verschiedenen Meßoperationen zur Ausführung gelangen, liegt eine bestimmte Unsicherheit der meisten hier in Betracht kommenden optischen Methoden der Verdrehungsmessung, mit deren Vorhandensein man stets rechnen sollte.

Messung der Verdrehung nach Hopkinson und Thring.[30])

Der Apparat von Hopkinson und Thring bietet nur insofern etwas neues, als bei ihm zur Messung der Verschiebung zwischen dem Flansch *A* und der Hülse *B*, siehe Fig. 45 (S. 124), ein Spiegel

---

[30]) Z. d. V. d. I. 1907 S. 1044.
Gibson, a. a. O. a. Lit. P. 169 f. (Diskussion).
Revue de Mécanique: Tome XXVI No. 2 1910 P. 167.
Engineer, Dec. 11. 1908 p. 614.
Engineering, June 14. 1907 p. 768.
Soweit die Spiegelanordnung in Betracht kommt, sehe man die Beschreibung des optischen Indikators von Hopkinson Proceedings Inst. Mechanical Engineers. Oct. 1907 P. 863 f.

angeordnet wird, der eine dieser Verschiebung proportionale Drehung auszuführen hat, eine Anordnung, die auch unabhängig von Frahm und Föttinger getroffen worden ist.

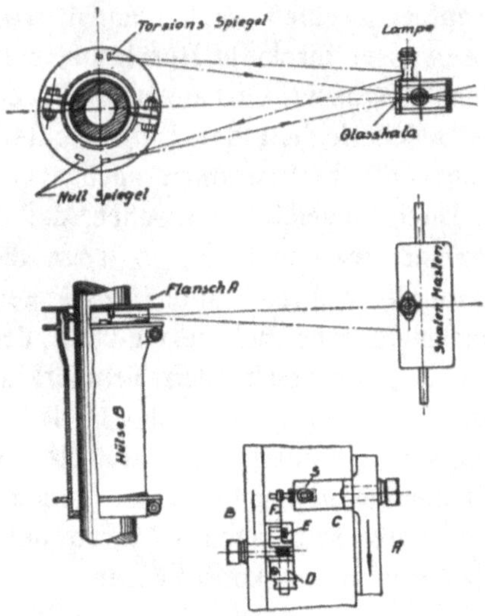

Fig. 45.

Wie aus Fig. 45 hervorgeht, wirft die Lampe, welche zugleich auch eine Glasskala trägt (siehe Fig. 45, 46) einen Lichtstrahl auf den Torsionssipegel und einen anderen auf den Nullspiegel; beide

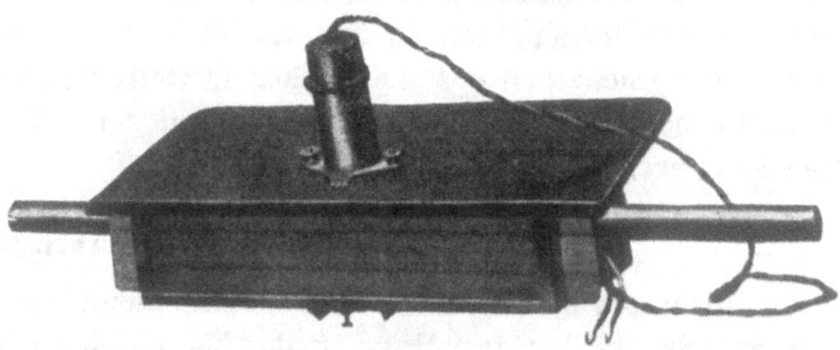

Fig. 46.

Spiegel werfen ihre Lichtstrahlen auf die Glasskala zurück.

Der erste Spiegel wirft seinen Lichtstrahl je nach seiner Stellung, d. h. je nach der Lage des Flanschen *A* zur Hülse *B*, auf einen anderen Punkt der Glasskala.

Der zweite Spiegel ist fest mit dem Apparat verbunden und wirft, vorausgesetzt, daß keine gegenseitige Verschiebung eintritt, seinen Lichtstrahl immer auf dieselbe Stelle der Skala.

Rotieren Apparat und Welle, so werden beide Spiegel zwei deutliche Lichtstreifen auf der Glasskala entwerfen.

Vor der Verdrehungsmessung, also bei spannungsloser Welle, werden beide Lichtstreifen zur Deckung gebracht, so daß auf der Skala nur ein Lichtstreifen sichtbar wird.

Tritt eine Verdrehung ein, so werden auf der Skala wieder zwei Lichtstreifen erscheinen, deren Abstand voneinander der Verschiebung des Flansches *A* gegenüber der Hülse *B*, also der Verdrehung der Welle, proportional sein wird.

Die Anbringung des Torsionsspiegels zeigt die Nebenfigur der Figur 45.

A entspricht dem Flanschen *A*; an diesem ist ein Tragstück *C* befestigt; dieses trägt den Torsionsspiegel *S*, dessen Verdrehungsachse in der Figur als rechtwinklig auf der Ebene des Papiers stehend zu denken ist.

Die Verbindung mit *B*, entsprechend der Hülse *B*, wird mittels einer Flachfeder *F*, die den Torsionsspiegel *S* mit einem verstellbaren Stück *E* verbindet, welches wiederum in einem mit *B* fest verbundenen Tragstück *D* verschiebbar gelagert ist, hergestellt.

Man sieht, daß lediglich eine gegenseitige Verschiebung von *A* und *B* auf die Drehung des Torsionsspiegels *S* Einfluß haben wird; zudem ist bei dieser Verbindung aller toter Gang so gut wie ausgeschaltet; auch ist diese Anordnung des Torsionsspiegels *S* insofern vorteilhaft, als eine Beeinflussung seiner Stellung durch die Zentrifugalkraft oder durch Ungleichförmigkeiten in der Rotationsbewegung ziemlich ausgeschlossen ist.

Fig. 47 zeigt eine Ausführung dieser Apparate im Bilde; Torsionsspiegel und Nullspiegel sind oben resp. unten gut zu sehen.

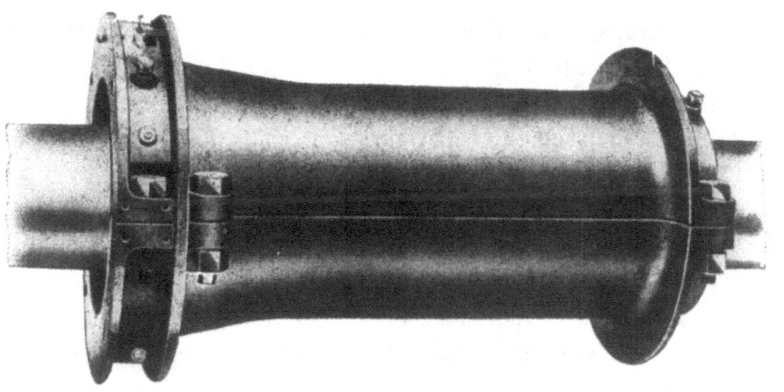

Fig. 47.

Der gezeigte Apparat kann bei 3000 Umdrehungen pro Minute Verwendung finden.

In Fig. 48 ist unten rechts einer dieser Apparate im Gebrauche gezeigt. Der Apparat wurde auf Probefahrten englischer Torpedobootszerstörer verwandt; von einem dieser Boote rührt obiges Bild her.

Fig. 48.

Es ist interessant, daß in diesem Falle eine Wellenlänge von nur 30 cm der Verdrehungsmessung zur Verfügung stand[31]), der Skalenkasten der schon in Fig. 46 gezeigt, ist in Fig. 48 oben rechts zu sehen.

So kompakt sich dieser Apparat baut und so geschickt die Anbringung des Spiegeldrehmechanismusses auch sein mag, so ist doch die Notwendigkeit, den Skalenkasten im Raume außerhalb der Welle anbringen zu müssen, als ein wunder Punkt des Verfahrens zu betrachten.

Wir haben schon an andere Stellen über diesen Punkt diskutiert, und können uns daher hier, indem wir auf jene Stelle verweisen, die Wiederholung ersparen (S. 121).

Erwähnt sei noch, daß bei diesen Apparaten Null- und Torsionsspiegel doppelt zur Ausführung gelangen, so daß der auf der

[31]) Gibson, a. a. O. a. Lit. p. 174.

Glasskala wahrzunehmende Lichteffekt eigentlich von dem Wert der Verdrehung an zwei um rund 180° versetzten Stellen der Umdrehung herrührt.

Um auch an anderen Stellen der Umdrehung Messungen vornehmen zu können, muß der Apparat mit einer entsprechenden Anzahl von Spiegeln ausgerüstet werden.

Zur Wahrung der Orientierung müßte dann jedes Spiegelpaar, d. h. jeder Torsionsspiegel mit seinem Nullspiegel, gegen das andere versetzt angebracht werden, so daß man aus der Position der Lichtstreifen auf der Glasskala auf die entsprechende Stelle der Umdrehung, an der die Verdrehung gemessen wird, schließen kann, wobei natürlich nicht zu vergessen ist, daß jedes Spiegelpaar auch seine eigene Nullstellung haben wird. Oder man erreicht die Orientierung durch Verwendung einer mitrotierenden Blende, wie das schon bei früheren Verfahren angedeutet wurde, die immer nur ein Spiegelpaar gleichzeitig zur Geltung kommen läßt.

Das oben beschriebene Verfahren von Hopkinson und Thring erscheint den in der Physik und Materialprüfungskunde gebräuchlichen Spiegelablesverfahren nicht unähnlich, jedoch liegen die Verhältnisse hier wesentlich anders; bezeichnend für die Genauigkeit dieser Art der Torsionsmessung, d. h. wie sie bei den meisten mit Lichtstrahlen arbeitenden Verfahren zur Anwendung gelangt, ist, daß Hopkinson [32]), der seinen Apparat dazu benutzte, etwaigen Einfluß der Nähe der Schiffswand auf das Arbeiten des Propellers zu konstatieren, auf Grund seiner Versuche zu dem Resultate kam, daß ein solcher Einfluß nicht festzustellen, und wenn auch, jedenfalls von nur untergeordneter Bedeutung sein könne.

Frahm, der sich einer elektrischen Meßmethode bediente, hat sich auf Grund seiner Versuche [33]) über den Einfluß der Tauchungstiefe des Propellers ähnlich ausgesprochen.

Auf jeden Fall zeigen die Arbeiten von Föttinger [34]) in geradezu frappanter Weise, daß solche Einflüsse recht wohl zu konstatieren

---

[32]) Hopkinson, Notes on the measurement of shaft horsepower: Relation between Twist and Torque, Inst. of Naval Architects, March 18. 1910.

(The Measurement of Shaft Horse-Power, Engineeering 1910, P. 429 f.)

[33]) Z. d. V. d. I. 1902. S. 884 und Mitteilungen über Forschungsarbeiten, Heft 6. Nettmann, Der Torsionsindikator, S. 12 f (Krayn, Berlin).

[34]) Jahrbuch der Schiffsbautechnischen Gesellschaft, Berlin, 1905, Seite 170.

Siehe auch ein dieser Arbeit entnommenes Diagramm, Seite 51, Fig. 15.

Die Resultate Föttingers sind auch in jeder Weise durch Versuche auf den beiden Turbinendampfern: Duke of Cumberland und Duke of Argyle

sind, und muß man, wie Föttinger einmal so treffend bemerkt hat, auch hier sagen, daß, wo ein solcher Einfluß mit gegebenen Apparaten nicht festzustellen ist, dieses lediglich darauf zurückzuführen, daß die betreffenden Apparate eine nicht genügende Genauigkeit aufweisen, nicht sensibel genug für die entsprechenden Messungen sind.

Messung der Verdrehung mittels Lichtstrahlen und gekrümmter Spiegelflächen.

Das Verfahren, welches hier in Vorschlag gebracht werden soll, stellt sich die Aufgabe, mit möglichst einfacher Apparatur und besonders geringen Wellenlängen für die Verdrehungsmessung auszukommen und soll auf die folgende Weise zur Ausführung gelangen.

In Fig. 49 stellt *A* eine Lichtquelle dar, in deren Gehäuse sich ein feiner Schlitz befinden soll.

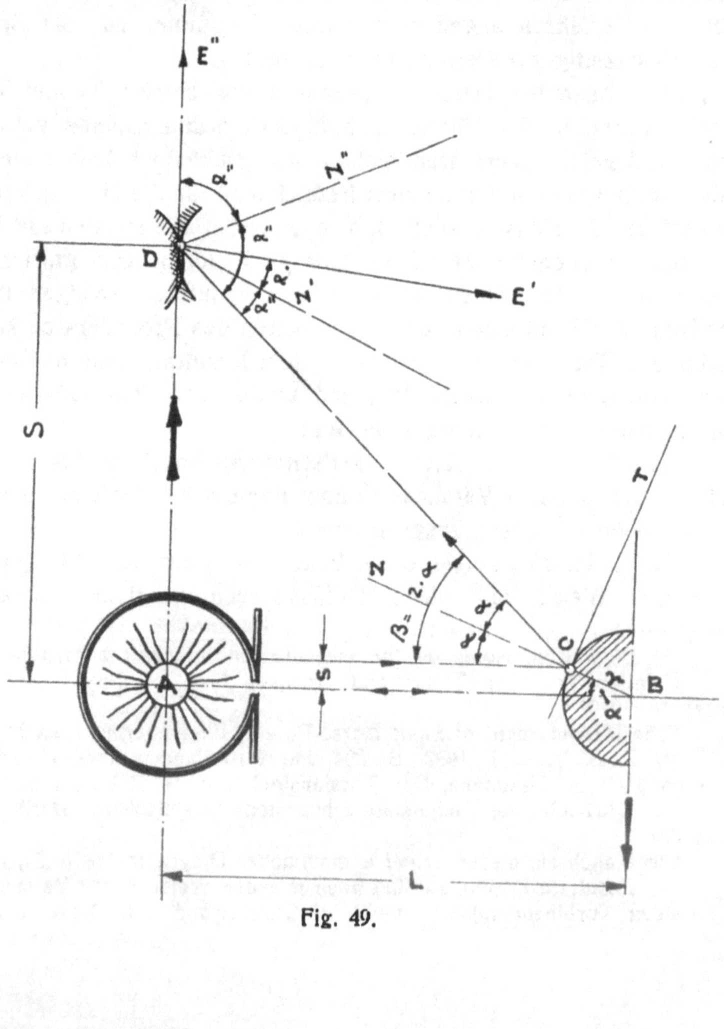

Fig. 49.

Der durch diesen Schlitz austretende Lichtstrahl treffe auf einen Zylinderspiegel *B*.

Letzterer als auch die Lichtquelle *A* seien auf der Welle befestigt, so daß jeder dieser Teile die Bewegung des Wellenquerschnittes, auf dessen äußeren Umfang er befestigt sein soll, mitmacht.

Ist keine Verdrehung vorhanden, so wird ein von *A* ausgehender Lichtstrahl auf *B* auftreffen und wieder in seiner eigenen Richtung zurückgeworfen werden. Tritt aber eine solche ein, und werden hierbei, die Welle von oben gesehen, die durch *A* und *B* gehenden Querschnitte der Welle in der Richtung der Pfeile um den Bogen *s* gegeneinander verschoben, den wir hier als geradlinig auffassen, da wir voraussetzen, daß die Verdrehungslänge *L* klein ist, zudem beträgt die Verdrehung einer Welle, selbst bei größter Kraftentfaltung der Maschinen, selten mehr als 1° pro 3 m Wellenlänge, so wird der von *A* ausgehende Lichtstrahl den Zylinderspiegel *B* in *C* treffen.

In *C* wird der Strahl reflektiert und zwar in der Richtung *C D*, wie sich leicht aus Fig. 49 ergibt, wenn man bedenkt, daß *T* die Tangente und *N* die Normale im Punkt *C* des Zylinderschnittes darstellt, und daß Ein- und Ausfallwinkel, nach einem bekannten Gesetz der Optik, gleich sein müssen.

Wir sehen hieraus, daß durch die in Fig. 49 gezeigte Anordnung eine Multiplikation des Verdrehungsbogens *s* zu erlangen ist.

Die Aufgabe, die wir uns jetzt stellen, ist, die Größe dieser Multiplikation quantitativ festzustellen.

Die Strecke *S*, um die der Punkt *D* von *A*, in Fig. 49, entfernt ist, berechnet sich, wie folgt:

Aus der Figur ergibt sich leicht, daß der Einfallswinkel α sich durch folgende Relation ausdrücken läßt:

1) $\sin \alpha = \frac{s}{r}$ $r =$ Radius des Zylinderspiegels.

---

der Lancashire und Yorkshire und London and North-Western Railway Company, bei denen ein Denny-Edgecombe Torsions-Indikator (siehe diesen, S. 39) mit zwei Apparaten anderer Konstruktion zur Verwendung gelangte, bestätigt worden. (Siehe Engineer 1909 Nov. 5. P. 471, ibid. Nov. 27. 1908 p. 558.

Aber nicht nur die Rückwirkung zwischen Propeller und Bordwand und übergelegtem Ruder hat man einwandsfrei festgestellt, sondern bei den Versuchen auf dem Duke of Argyle bei Skelmorlie will man sogar auf den Diagrammen den Einfluß bemerkt haben, den das Vorbeifahren eines Hochgeschwindigkeits-Torpedobootes, welches dort Geschwindigkeitsprüfungen unterging, auf die Bewegung des Duke of Argyl ausübte und das Arbeiten dessen Propeller beeinflußte. Loc. cit. P. 472.

Auch folgt aus der Figur ohne weiteres

2) $S = s + (L - r\cos\alpha)\, tg\, 2\alpha$

Da s klein sein soll, so kann statt $\sin\alpha$ der Bogen α gesetzt werden; für $tg\, 2\alpha$ setzen wir dann auch den Bogen 2α und unter denselben Bedingungen ist $\cos\alpha = 1$ zu setzen.

Hiermit geht 1. über in

3) $\alpha = \frac{s}{r}$

und 2 geht über in

4) $S = s + 2\alpha(L - r)$.

Setzen wir in 4. den Wert von α aus 3. ein, so erhalten wir:

5) $S = s + \frac{2s}{r}(L - r) = s\left(1 + \frac{2}{r}(L - r)\right)$.

Der Weg s wird davon abhängen, in welchem Abstande R vom Wellenmittel er gemessen wird und vom Verdrehungswinkel Θ.

Letzterer wird unter sonst gleichen Umständen um so größer sein, je größer das auf die Welle wirkende Torsionsmoment M und die Verdrehungslänge L ist, dagegen wird Θ um so kleiner sein, je widerstandsfähiger das Material der Welle, also je größer der Schubelastizitätsmodul G des Wellenmaterials ist, und je besser die Materialverteilung des Wellenquerschnittes um deren Achse ist, also je größer dessen polares Trägheitsmoment I_p ist.

Wir können daher für Θ schreiben:

$$\Theta = \frac{M \cdot L}{G I p}$$

Dann folgt für s:

6) $s = \Theta R = \frac{M L R}{G I p}$

Setzen wir den Wert für s aus 6. in 5. ein, so ergibt sich:

7) $S = \frac{M L R}{G I p}\left(1 + \frac{2}{r}(L - r)\right)$

Nun stellt $\frac{1}{r}$ die Krümmung des Zylinderspiegels B dar; für $r = \infty$ ist die Krümmung $= 0$, da der Zylinder mit einer ebenen Fläche identisch ist; für $r = 0$ wird die Krümmung unendlich.

Die Krümmung $\frac{1}{r}$ wollen wir mit K bezeichnen; hiermit geht Gleichung 7. über in

8) $S = \frac{M L R}{G I p}\left(1 + 2K(L - \frac{1}{K})\right)$

Oder wenn wir 5. durch s dividieren, können wir schreiben:

9) $\frac{S}{s} = 1 + 2K\left(L - \frac{1}{K}\right)$.

In Gleichung 9 stellt das Glied $2K(L - \frac{1}{K})$ die Strecke $(S—s)$ dar, also den Teil, der sich bei der Vergrößerung zu s addiert.

Bei festgesetzter Verdrehungslänge L wird die Größe dieses Gliedes nur von dem Wert der Krümmung K abhängig sein, und je größer werden, je größer K wird, da der Wert $\frac{1}{K}$ mit zunehmendem K immer kleiner wird; d. h. die Strecke $(S—s)$, um die die Verdrehung s durch die Vergrößerung augmentiert wird, sonst gleiche Verhältnisse vorausgesetz, wird um so größer sein, je kleiner der Radius r des Zylinderspiegels B gewählt wird, weil sich die Krümmungen wie die reciproken Werte der Krümmungsradien verhalten.

Um einen Begriff von den hier in Betracht kommenden Größen zu erhalten, seien folgende Angaben gemacht.

Wird eine Welle von 32 cm Durchmesser, die 2500 PS. bei $n = 80$ Touren pro Minute übertragen soll, zugrunde gelegt, und nehmen wir an, es ständen nur 10 cm freie Wellenlänge für die Verdrehungsmessung zur Verfügung, so ergibt sich nach Gleichung 6 für die Verdrehung s dieses Wellenstückes, wenn wir annehmen, sie würde im Abstande $16 + 3 = 19$ cm vom Wellenmittel gemessen (der von A ausgehende Lichtstrahl, Fig. 49 (S. 128), soll also in einer Entfernung von 3 cm oberhalb der Wellenoberfläche auf den Zylinderspiegel B treffen).

$$s = \Theta R = \frac{M L R}{G I p} = 0.0057 \text{ cm} = 0{,}057 \text{ mm}.$$

(Das Drehmoment M folgt aus:

$$\text{P.S.} = \frac{\text{Moment in kgm}}{75 \text{ mkg/sec.}} \cdot \frac{\text{Winkel p. sec.}}{60} = \frac{2\pi n M}{60 \cdot 75}$$

Mit Einsetzung obiger Werte ergibt sich:

$M = 22{,}500 \text{ kgm} = 2\,250\,000 \text{ kgcm}$

$L = 10 \text{ cm}$

$G = 828\,500 \text{ kg/cm}^2$

$Ip = \frac{\pi d^4}{32} = 102\,944 \text{ ccm}^4$

Mit diesen Werten ergibt sich Θ zu:

$$\Theta = \frac{M \cdot L}{G I p} = \frac{2{,}250{,}000 \cdot 10}{828{,}500 \cdot 102944} = 0{,}000265 = \text{rund } 0{,}0003$$

$$= \frac{0{,}0003}{2\pi} \cdot 360 = \text{rund } 0{,}02^0$$

und endlich:

$s = \Theta R = 0{,}0003 \,.\, 19 = 0{,}0057 \text{ cm} = 0{,}057 \text{ mm.})$

Nehmen wir den Durchmesser des Zylinderspiegels zu 5 mm an, so nimmt dessen Krümmung den Wert

$$K = \frac{1}{r} = \frac{1}{2,5} = 0,4 \text{ an.}$$

Hiermit folgt für $(S—s)$ oder $2K\left(L—\frac{1}{K}\right)$ der Wert

$$2 . 0,4 (100—2,5) = 78.$$

Oder nach der Gleichung 9

$$\frac{S}{s} = 1 + 2K\left(L — \frac{1}{K}\right) = 1 + 78 = 79.$$

Da wir schon $s = 0,057$ mm gefunden haben, so wird

$$S = 0,057 . 79 = 4,5 \text{ mm.}$$

In diesem Falle würde also die geringe Verdrehung von 0,057 mm auf 4,5 mm vergrößert worden sein. Es fragt sich nur, ob Lichtstrahlen von solcher Feinheit, wie sie hier nötig sind, sich überhaupt erzeugen lassen; man bedenke, daß in diesem Falle der Lichtstreifen einen Weg von noch keinem $^6/_{100}$ mm auf der Zylinderoberfläche durchlaufen muß.

Die Hauptschwierigkeit wird also hier, so einfach an sich die Methode prinzipiell erscheint, in der Erzeugung geeigneter feiner Lichtstrahlen liegen.[35])

Könnn wir diese Schwierigkeiten als überwunden betrachten, so ist leicht zu ersehen, daß selbst noch die kleinste Wellenlänge eine Verdrehungsmessung zuließe, was praktisch von ganz besonderer Bedeutung sein würde, da dann nichts im Wege stände, das angegebene Verfahren so lange zu wiederholen, indem z. B. in *D*, Fig. 49 (S. 128), eine konkave oder konvexe Spiegelfläche angebracht würde, und so fort, bis die nötige Vergrößerung der Verdrehung erreicht wäre.

---

[35]) Es ist nicht unmöglich, daß, im Falle mit einfachen mittelst Mikrometerschraube verstellbaren Schlitzen keine genügend feinen Lichtstrahlen zu erhalten sind, die Lichtstrahlen vor ihrem Auftreffen auf die Spiegelfläche mittelst geeigneter Linsenkörper konzentriert werden könnten, und somit die von dieser Seite zu erwartenden Schwierigkeiten behoben würden. Zu bemerken wäre noch, daß eine ernstliche Zerstreuung anfangs parallel gerichteter Lichtstrahlen bei den hier in Betracht kommenden kurzen Entfernungen wohl nicht zu erwarten ist, freilich sind dieses Fragen, die nur durch Anstellung unmittelbarer Versuche ihre Erledigung finden können; wendet man hier die Analogie des unter Druck aus einer Öffnung austretenden Wasserstrahles an, so wird man sich sagen, daß genau so, wie in jenem Falle der Wasserstrahl dann seine ursprüngliche Form am längsten beibehält, wenn der Druck, unter dem er austritt, der Kleinheit der Öffnung entsprechend hoch ist, auch in diesem Falle die Intensität der Lichtquelle geeignet hoch gewählt werden müsse, um die nötige Parallelität der Lichtbüschel zu sichern; es kann sich hier natürlich nur um einen rohen Vergleich handeln, der, wie die meisten Vergleiche, bedenklich hinkt.

Dabei ist daran zu denken, daß für jede neu angebrachte Spiegelfläche die Vergrößerung der Verdrehung, die diese durch die vorhergehenden erlitten hat, in Betracht kommt, somit selbst die Vergrößerung der winzigsten Verdrehung verhältnismäßig schnell erfolgen würde.

Wir hätten jetzt noch ein paar Worte über die Vornahme der Messung bei dieser Methode zu sagen.

Eine genügend große Verdrehung vorausgesetzt, könnte man den letzten reflektierten Strahl in den die Welle umgebenden Raum austreten lassen und hier bei rotierender Welle über eine Skala streifen lassen, wie das bei den meisten optischen Verfahren geschieht, womit man sich natürlich auch die Nachteile derselben zuzieht. Um aber einwandsfreie Resultate zu erhalten, wäre die photographische Registrierung auf der Welle selbst das beste.

Dieses würde einfach in der Weise geschehen, daß der Lichtstrahl seinen Weg auf eine lichtempfindliche Schicht aufzeichnete, die mit der Welle rotieren würde, und gegen dieselbe automatisch mit der nötigen Geschwindigkeit vorgeschoben würde; man hätte hier auch gleich den Vorteil, ein vollständiges Diagramm des ganzen Verlaufs der Verdrehung zu erhalten.

Ueberhaupt ist hier darauf aufmerksam zu machen, daß bei allen den bis jetzt beschriebenen optischen Verfahren sich die photographische Registrierung mit großem Vorteile durchführen ließe; denn abgesehen davon, daß man hier ein vollständiges Bild des Verlaufs der Verdrehung erhält, können, wenn die Registrierung im Raume außerhalb der Welle stattfindet, alle die zur Messung und Orientierung nötigen umlaufenden Blenden und sonstigen vorgeschlagenen Vorrichtungen wegfallen [36]).

---

[36]) Wie wir an anderer Stelle gezeigt haben, erscheint bei den optischen Verfahren, die Verdrehung zu messen, sobald diese im Verlauf der Umdrehung nicht konstant bleibt, eine Linie auf der zur Verwendung gelangenden Skala, die, wie wir sahen, diejenigen beiden Punkte auf der Skala verbindet, die dem größten oder kleinsten Wert der Verdrehung entsprechen. Was uns hier als linear erscheint, ist aber, wie schon früher gesagt, in Wirklichkeit das Resultat schneller Hin- und Herschwingungen des Fußpunktes des Lichtstrahles auf der Skala; daher ist es leicht verständlich, daß auf einer in geeigneter Weise vor der Skala vorbeifallenden lichtempfindlichen Platte nicht, wie auf der Skala, eine Linie, sondern ein den Verlauf der Verdrehung darstellender Kurvenzug erscheinen würde. Ein ganz ähnlicher Fall ist z. B. folgender: Versieht man eine Zinke einer Stimmgabel mit einem Stahlstift und schlägt hierauf die Gabel an, so wird, wenn man die mit dem Stift versehene Zinke während des Schwingungsvorganges gegen eine ruhende berußte oder betalgte Platte leicht andrückt, auf derselben nur eine Linie erscheinen, deren Endpunkte der größten Rechts- resp. Links-

Zudem kann man die Welle noch mit einem Hilfslicht ausrüsten, dessen Bild auf der lichtempfindlichen Schicht stets Auskunft über die gegenseitige Lage von Welle und Registriervorrichtung geben würde. Durch dieses Vorgehen würde einer der größten hier schon oft angeführten Nachteile der optischen Verfahren so gut wie behoben sein.

Die Umdrehungen können in gleicher Weise registriert werden.

Am zuverlässigsten würde sich die Registrierung natürlich durchführen lassen, wenn man die lichtempfindliche Schicht mit der Welle rotieren ließe, wie das bei dem weiter oben beschriebenen Verfahren schon in Vorschlag gebracht wurde.

Hält man sich die verschiedenen Nachteile der optischen Verfahren vor Augen, so muß man zu der Ueberzeugung gelangen, daß auch bei diesem entschieden zuverlässige und einwandsfreie Resultate zu erhalten sind, wenn nur, wie oben angedeutet, die Registrierung auf der Welle selbst erfolgt.

Bei den später beschriebenen mechanischen Verfahren zur Torsionsmessung werden wir finden, daß bei diesen, fast ausschließlich, die Registrierung, wenn auch mechanisch, auf der Welle selbst erfolgt, wo nicht wenigtens solche Vorrichtungen vorgesehen sind, die den Einfluß etwaiger gegenseitiger Verschiebungen zwischen Welle und Registriervorrichtung ausschalten, und diesen Umständen ist auch wohl der nicht abzuleugnende Erfolg, den diese Methoden in der praktischen Anwendung aufzuweisen gehabt haben, zuzuschreiben.

Was die Eichung bei photographischer Registrierung anbelangt, so wäre diese derart vorzunehmen, daß die lichtempfindliche Schicht

---

Ausweichung der Zinke entsprechen würden. Wird dagegen unter denselben Bedingungen wie oben der Platte eine Bewegung mitgeteilt rechtwinklig zu der Richtung, in der die Schwingung erfolgt, so wird auf derselben bekanntlich das Kurvenbild einer natürlichen Schwingung erscheinen.

Zu Demonstrationszwecken ersetzt man am besten im obigen Falle die lichtempfindliche Platte durch einen rotierenden Spiegel, der dem Lichtstrahl eine Bewegung rechtwinklig zur vorhandenen erteilt. Trifft der Strahl vom Spiegel auf einen Schirm, so entsteht auf demselben die Verdrehungskurve.

Man vergleiche die analogen Anordnungen bei den Oscillographen der Cambridge Scientific Instrument Coy. und Siemens & Halske; bei ersteren findet ein von einem Synchron-Motor angetriebener oscillierender Planspiegel, bei letzteren ein oscillierender Spiralflächen-Spiegel Anwendung. (Siehe diese bei Orlich a. a. O.)

Bezüglich der Fernmessung bei den optischen Verfahren gilt hier das schon bei der Besprechung der Methoden von Jervis-Smith und Amsler Gesagte. Es sei deshalb auf diese Methoden verwiesen.

während derselben durch eine mit Maßstab versehene Mattscheibe [37]) ersetzt würde, worauf die Eichung in bekannter Weise erfolgen würde.

Um auf das in Fig. 49 angedeutete Verfahren zurückzukommen, sei hier noch erwähnt, daß dasselbe natürlich bei entsprechender Ausführung einzelner Teile ohne Bedenken überall da angewandt werden kann, wo die anderen beschriebenen Verfahren zur Anwendung gelangen, doch ist der prinzipielle Vorschlag aus dem Bestreben hervorgegangen, eine möglichst einfache und zuverlässige Anordnung zu treffen, die gerade bei kleinen Wellenlängen, wo die meisten bekannten Verfahren zur Anwendung gelangen, doch ist der prinzipielle Vorschlag aus dem Bestreben hervorgegangen, eine möglichst einfache und zuverlässige Anordnung zu treffen, die gerade bei kleinen Wellenlängen, wo die meisten bekannten Verfahren versagen, die Verdrehungsmessung ermöglichen soll, und auf diese Anwendungsfähigkeit der Methode möchten wir auch hier den Schwerpunkt verlegt wissen.

Als Eigentümlichkeiten genannten Verfahrens sind die Verwendung des Zylinderspiegels, oder allgemein einer gekrümmten Spiegelfläche, und die Möglichkeit, selbst die winzigste Verdrehung durch zweckentsprechende Hin- und Herreflektion eines Lichtstrahles zwischen den entsprechenden Spiegelflächen ins Meßbare zu vergrößern, zu betrachten [38]).

Gerade die Verwendung einer gekrümmten Spiegelfläche [39]) ist es, die hier alle mechanischen Vorrichtungen in Wegfall bringt; die Krümmung besagter Flächen ersetzt eben die sonst nötige mechanische Drehung, beispielsweise eines Planspiegels, die Verschiebung von Schlitzen gegeneinander usw.

Zum Schlusse sei hier noch erwähnt, daß die vorgeschlagene Methode prinzipiell überall da zur Verwendung gelangen kann, wo es sich darum handelt, Bewegungen zweier Teile gegeneinander auf-

---

[37]) Die Mattscheibe kann auch in einfachster Weise durch mit Oel getränktem oder durch transparentes Millimeterpapier ersetzt werden.

[38]) Faucault hat bei seiner Feststellung der Fortpflanzungsgeschwindigkeit des Lichtes (1862), um seine Messungen im Zimmer ausführen zu können, das Licht solange zwischen Hohlspiegeln im Zickzack hin- und herreflektiert, bis es den für seine Messungen nötigen langen Weg zurückgelegt hatte.

Im obigen Falle kann, wie angedeutet, auf ganz ähnliche Weise eine Übersetzung erreicht werden.

[39]) Die Spiegelflächen können aus Spekulum- oder Spiegelmetall (40—70 % Cu, 60—30 % Sn, Spur von As oder Ni) oder aus versilberten Glasstäbchen hergestellt werden.

zunehmen, wie das beispielsweise bei Messung des Ungleichförmigkeitsgrades der Fall ist.

Mikro-Torsions-Messung.

Alle im Vorhergehenden beschriebenen Meßmethoden sind dadurch gekennzeicnhet, daß bei ihnen die eigentliche Bestimmung der Größe der Verdrehung auf die Messung einer Vergrößerung der wirklich auftretenden Verdrehung hinausläuft; also nicht der absolute Wert der Verdrehung wird hier gemessen, sondern ein durch geeignete Uebersetzung erreichtes Vielfaches derselben.

Im Folgenden soll eine Methode in Vorschlag gebracht werden, die von den bis jetzt bekannten Methoden zur Verdrehungsmessung insofern radikal abweicht, als sie sich zur Aufgabe stellt, die mikroskopisch kleine Verdrehung [40]) kurzer Wellenlängen auf noch zu beschreibende Weise in ihrer wahren Größe festzustellen, um dann später die gewonnenen Werte mittels Meßmikroskops oder auf projektivem Wege näher zu bestimmen.

Es liegt auf der Hand, daß ein solches Verfahren manches für sich haben muß, denn gerade dem Umstande, daß bei den genannten Verfahren die Vergrößerung der an sich so geringen Verdrehung während eines Bewegungsvorganges erfolgt, sind die vielen Fehlerquellen und Ungenauigkeiten dieser Methoden, auf die wir im Vorhergehenden verschiedentlich hingewiesen haben, fast ohne Ausnahme zuzuschreiben und werden also bei einer Methode, die diese Vergrößerung erst später unabhängig von der Bewegung vornimmt, vielmehr in denkbar einfachster Weise die Verdrehung in ihrer wahren Größe feststellen soll, gänzlich in Wegfall kommen. Zudem kommt noch, daß die neue Methode naturgemäß die Verwendung ganz geringer Wellenlängen zur Verdrehungsmessung ermöglicht, oder besser gesagt, für diese Art Messungen gerade wie geschaffen scheint.

Nach diesen einleitenden Bemerkungen wenden wir uns nunmehr der Beschreibung der genannten Methode selbst zu.

In Fig. 50 (S. 137) stelle W ein Wellenstück vor, mit dem zwei Hebel oder Arme A und B an zwei Stellen, die um die geringe Entfernung L auseinander liegen sollen, starr verbunden sind.

---

[40]) Wie aus der Beschreibung der unmittelbar vorher erklärten Methode hervorgeht, ist die Verdrehung bei kleinen Wellenlängen von der Größenordnung 1/100 mm, natürlich unter den in genannter Beschreibung zugrundegelegten Daten.

Obige Methode kann auch für besonders genaue Messungen mikrophotographisch ausgebildet werden.

Die Enden *d* und *d'* der Arme mögen kegelförmige Diamantspitzen oder feine Metallstifte tragen und einen gegenseitigen Abstand *l* haben.

Bei spannungsloser Welle sollen die Enden *d* und *d'* der Arme *A* und *B* in einer und derselben durch die Wellenmitte gehenden Ebene liegen. Tritt dagegen eine Verdrehung der Welle ein, so werden diese Endpunkte um ein Geringes gegeneinander verschoben, entsprechend der beiden gegenseitigen Verschiebungen der beiden Wellenquerschnitte, an deren äußeren Umfängen die Arme *A* und *B* befestigt sind.

Die Verschiebung der Punkte *d* und *d'* kann in einfachster Weise dadurch zum Ausdruck gebracht werden, daß man, wenn die Punkte *d* und *d'* Diamantspitzen tragen, eine dünne Glasscheibe *S* mit leichtem Drucke über dieselben in Richtung der Wellenachse hin-

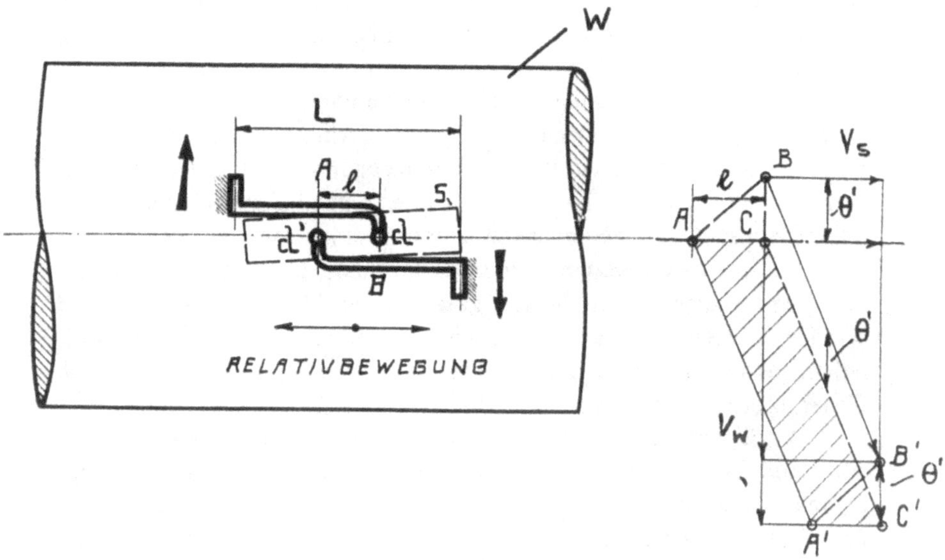

Fig. 50.

wegschiebt, oder, im Falle Metallspitzen zur Anwendung gelangen, eine ölberußte oder betalgte Glasplatte in der angegebenen Richtung über letztere hinschiebt.

Wie man leicht sieht, werden dann auf genannter Scheibe zwei Linien erscheinen, deren gegenseitiger Abstand [41]) von der jeweiligen Verdrehung des Wellenstückes *L* abhängig sein wird; die Linien

[41]) Die Anwendungsgrenzen dieser Methode werden von der erzielbaren Feinheit der Striche abhängen.

an sich werden gleiche Längen aufweisen, und zwar wird diese Länge genau der vorausgegangenen Relativverschiebung zwischen Welle und Scheibe entsprechen, nur werden beide Linien um die gegenseitige Entfernung *l* der in *d* und *d'* angebrachten Spitzen gegeneinander verschoben sein.

Gleichzeitige Meßpunkte werden also um die Strecke *l* auseinanderliegen, daher wird man bei der praktischen Ausführung aus diesem Grunde möglichst danach trachten, diese Länge *l* so klein wie möglich zu halten (wegen der endlichen Spitzenabmessung kann diese Entfernung praktisch nicht auf Null reduziert werden). Gleichzeitig aufgezeichnete Punkte werden stets um ein geringes gegeneinander verschoben sein; dieses ist indessen nicht von Belang, besonders, wenn die Scheibe *S* genau geradlinig über die Spitzen *d* und *d'* weggeschoben wird, ist dieser Umstand praktisch nicht von der geringsten Bedeutung, da selbst bei veränderlicher Verdrehung dann eine der auf der Platte angerissenen Linienzüge genau geradlinig sein wird.

Die Relativbewegung zwischen Welle und Scheibe kann automatisch erfolgen[42]), und braucht nur ganz gering zu sein; es können verhältnismäßig kurze Glasscheiben verwandt werden, da ja der Abstand der auf der Scheibe *S* angerissenen Linien mikroskopisch klein ist und sonst die Aufzeichnungen verzerrt erscheinen würden.

Es kann sich jetzt nur noch darum handeln, zu zeigen, wie die in oben beschriebener Weise gewonnenen Resultate ausgewertet werden können, wir wollen jedoch vorerst andeuten, wie die Aufnahme einer möglichst gleichmäßig verlaufenden Verdrehung nach dieser Methode auch von außerhalb der Welle erfolgen kann.

In der Nebenfigur zu Fig. 50 (S. 137) seien die Punkte *d* und *d'* mit *A* und *C* resp. *B* bezeichnet. Die Welle soll eine Umfangsgeschwindigkeit V_w haben, und die Scheibe *S*, die sich im Raume außerhalb der Welle befinden soll, werde für einen Augenblick mit der Geschwindigkeit V_s in achsialer Richtung so an der Welle vorbeigeschoben, daß die den Punkten *d* und *d'* entsprechenden Spitzen zwei Gerade auf derselben anreißen können.

Wäre keine Verdrehung vorhanden, so würden diese Geraden beispielsweise durch *A A'* und *C C'* der Nebenfigur dargestellt, wie sich leicht aus den entsprechenden Geschwindigkeitsparallelo-

---

Es sei hier bemerkt, daß bei dem Ritz-Härte-Prüfer von Martens diejenige Belastung einer Diamantspitze als Meßeinheit dient, die eine Strichbreite von 0,01 mm erzeugt.

[42]) Differentialgetriebe mit Übersetzung in Mikrometerverschiebung.

grammen ergibt; ist dagegen eine Verdrehung vorhanden, d. h. ist der Punkt *C* relativ zu *A* nach *B* gerückt, so daß $BC = \Theta'$ die momentane Verdrehung darstellt (dieses ist in der Figur natürlich stark vergrößert), so wird die Linie *C C'* in die Position *B B'* übergehen, die vertikalen Abstände zwischen den Geraden *C C'* und *B B'* würden dann der Verdrehung Θ' entsprechen.

Die Orientierungslinien auf der Scheibe *S* werden am besten so gewonnen, daß einmal die Scheibe *S* gegen die ruhende Welle vorgekurbelt wird, und das andere Mal die Welle gegen diese leicht vorgedreht wird, so daß auf der Scheibe zwei zueinander rechtwinklig stehende Linien angerissen werden.

Da die Lage der Linien *A A'*, *C C'* und *B B'* je nach der Größe der Geschwindigkeiten V_w und V_s eine ganz willkürliche sein wird, so wird es keinen Zweck haben, die der spannungslosen Welle entsprechenden Linien *A A'* und *C C'* aufzunehmen, sondern man wird vielmehr am besten nur die beiden einer bestimmten Verdrehung eignen Linien *A A'* und *B B'* aufnehmen und nachträglich auf der Platte oder Scheibe selbst in achsialer Richtung die Entfernung $AC = l$ antragen und die Linie *C C'* hiernach aufreißen. Jedoch wird bei diesem Vorgehen Rücksicht darauf zu nehmen sein, ob die Strecke $AC = l$ auch während der Messung konstant bleibt; denn bei den hier in Betracht kommenden mikroskopisch kleinen Größen ist es durchaus nicht ausgeschlossen, daß die Entfernung *l* durch die Verdrehung der Welle eine Verringerung erleidet, dieses wird sie ohnehin, wenn in der Welle, wie es bei Propellerwellen stets der Fall ist, ein achsialer Schub auftritt.

Beide Einflüsse lassen sich durch statische Eichung der Einrichtung bestimmen, wobei natürlich alle Werte auf der Scheibe *S* in absoluter Größe angerissen werden, und erst auf später noch näher zu bezeichnende Weise der Größe nach bestimmt werden.

Die Erwähnung des Propellerschubes nötigt uns, hier noch kurz zu bemerken, daß, wo solcher auftritt, seine Größe gleichzeitig mit der der Verdrehung bestimmt werden kann, da der Abstand der durch *d* und *d'* auf der Scheibe *S* angerissenen Linien, wenn die Scheibe *S* nicht in achsialer, sondern in schräger Richtung gegen die Welle verschoben wird, wesentlich von einer achsialen gegenseitigen Annäherung der Punkte *d* und *d'* durch den Propellerschub abhängen wird; der Einfluß der Verdrehung hierauf kann, wie schon oben gesagt, durch entsprechende Eichung gefunden werden.

Wir kommen jetzt zur Ausmessung oder Auswertung der auf

die im Vorhergehenden beschriebenen Art erhaltenen Werte für die Verdrehung, resp., wenn solcher vorhanden ist, des Propellerschubes.

Wie schon eingangs angedeutet, stehen uns zwei Methoden hierzu zur Verfügung.

Die erste, bei der die gewonnenen Diagramme mittels Meßmikroskops ausgemessen werden, und die zweite, so zur Ausführung gelangt, daß die Scheiben mit den angerissenen Linien oder Diagrammen wie ein gewöhnliches Diapositiv in einen Projektionsapparat gebracht werden, und so die Aufzeichnungen entsprechend vergrößert auf eine Fläche projiziert werden, auf der sie leicht auszumessen sind (beispielsweise Millimeterpapier).

Bei der projektiven Vergrößerungsmethode bestimmt man den Maßstab am besten dadurch, daß man auf der Scheibe eine kleine Linie anreißt, die man auf derselben leicht ausmessen kann, und dann die Größe dieser Linie im projizierten Bilde feststellt; das Verhältnis beider Größen zueinander gibt dann in einfachster Weise den gewünschten Maßstab.

Hier sei noch bemerkt, daß, um ganz einwandsfreie Resultate bei dieser Methode der Verdrehungsmessung zu erhalten, nur die zuerst beschriebene Methode der Registrierung auf der Welle selbst zur Anwendung gelangen sollte, da in der zweiten, bei der die Glasscheibe S sich im Raume außerhalb der Welle befinden soll, zu leicht grobe Fehler eintreten können. Man bedenke, daß es sich hier um mikroskopisch kleine Größen handelt.

Es liegt auf der Hand, daß bei einer Meßmethode, bei der, wie hier, sehr geringe Größen aufgenommen werden sollen, um nachträglich erst in stark vergrößertem Maßstab ausgemessen zu werden, kleine Fehler in der ursprünglichen Aufnahme einen großen Einfluß auf das Endresultat der Messung ausüben müssen, und wird man daher bei Anwendung der oben auseinander gesetzten Methode im Sinne der Verhütung solcher Fehler vorgehen müssen.

Bei der Einfachheit des ganzen Verfahrens wird man von dieser Seite wohl nichts zu befürchten haben, da, im Falle die einzelnen Teile, die nötig sind, um die Methode zur Ausführung zu bringen, kräftig genug hergestellt werden, Eigenschwingungen der einzelnen Elemente und sonstige störende oder fehlerbringende Einflüsse nicht zu erwarten sind. Es ist also anzunehmen, daß die Aufzeichnungen genau den Verlauf der Verdrehung wiedergeben werden.

Hiermit hätten wir die optischen Methoden der Verdrehungsmessung erörtert.

Es ist selbstverständlich, daß die beschriebenen Methoden die verschiedensten Variationen oder Kombinationen unter sich und in ihrer Anwendung zulassen; hierauf ist im Vorhergehenden kein Gewicht gelegt worden; es kam vielmehr darauf an, die Methoden mehr dem Prinzip nach zu erläutern, als wie auf deren konstruktive Ausbildung im einzelnen näher einzugehen; es sollten also mehr allgemeine Gesichtspunkte in den Vordergrund gestellt werden.

Was nun die Anwendungsfähigkeit der optischen Methoden anbelangt, so ist hier zu bemerken, daß dieselben sich an erster Stelle für wissenschaftliche Untersuchungen eignen; damit ist aber ihre Verwendung im praktischen Leben in keiner Weise ausgeschlossen, im Gegenteil, gerade hier, wo es sich meist darum handelt, schnell mittlere Werte zu erhalten, und wo auf allzugroße Genauigkeit kein besonderes Gewicht gelegt wird, steht ihnen in ihrer einfachsten Form ein weites Verwendungsgebiet offen.

In England haben sich die optischen Methoden, soweit wie der Schiffsbau in Betracht kommt, wie es scheint, eine bleibende Stelle erworben; ihre Verwendung auf dem Lande wird von der erfolgreichen Ausbildung einer Messungsmethode abhängen, die es gestattet, an kurzen Wellenlängen Verdrehungsmessungen vorzunehmen, da auf dem Lande meist nur solche geringe Wellenlängen zur Verfügung stehen; es ist hier an Turbogeneratoren, vielzylindrige Luftschiffexplosionsmotoren und ähnliche Maschinen gedacht.

Zur Fernmessung eignen sich die optischen Methoden im allgemeinen nicht; ein Vorschlag, den Gibson [43]) gemacht hat, verdient hier erwähnt zu werden. Gibson schlägt nämlich vor, bei den optischen Torsionsmeßverfahren, deren Lichtstrahlen die geeignete Richtung haben (siehe z. B. Bevis-Gibson Radial-Blitz-Licht-Torsions-Indikator, S. 120, oder den von Hopkinson und Thring, S. 123), diese durch ein im Deck oder an anderer Stelle befindliches Rohr in einen anderen Raum zu leiten und dort die nötigen Ablesungen vorzunehmen (Periskope der Ueberflutungsboote).

---

[43]) Loc. cit. P. 164.

FSC
www.fsc.org
MIX
Papier | Fördert
gute Waldnutzung
FSC® C083411

Zeitfracht Medien GmbH
Ferdinand-Jühlke-Straße 7
99095 Erfurt, Deutschland
produktsicherheit@kolibri360.de